神农架自然遗产系列专著

自然遗产的价值及其保护管理

谢宗强　申国珍　等◎著

科学出版社
北京

内 容 简 介

本书在收集整理神农架历史文献资料的基础上,结合对神农架地区长达近20年的调查研究和数据积累,依据《实施保护世界文化与自然遗产公约和操作指南》,从神农架自然遗产的自然和历史发展背景、遗产价值要素构成等方面,论证了神农架自然遗产地在动植物多样性及其栖息地、生物群落及其生态过程等方面的遗产价值,阐明了神农架自然遗产地的全球突出普遍价值,分析了神农架自然遗产地的保护现状及影响因素,提出了保护管理规划建议。本书是开展遗产地保护、监测、管理及生物多样性研究和保护等方面工作的重要参考资料。

本书适合生物、农林、地理和自然保护等相关专业的高等院校、科研院所的科研人员和教学人员阅读,也可供自然保护区、自然遗产地及国家公园等相关机构的科技工作者与自然资源管理人员参考。

审图号:GS(2018)4433号
图书在版编目(CIP)数据

神农架自然遗产的价值及其保护管理/谢宗强等著. —北京:科学出版社,2018.9

(神农架自然遗产系列专著)

ISBN 978-7-03-058758-9

Ⅰ.①神… Ⅱ.①谢… Ⅲ.①神农架-自然遗产-保护-研究
Ⅳ.①S759.992.63

中国版本图书馆CIP数据核字(2018)第206531号

责任编辑:李 迪 / 责任校对:郑金红
责任印制:肖 兴 / 封面设计:北京图阅盛世文化传媒有限公司

科学出版社 出版
北京东黄城根北街16号
邮政编码:100717
http://www.sciencep.com

中国科学院印刷厂 印刷
科学出版社发行 各地新华书店经销
*

2018年9月第 一 版 开本:720×1000 1/16
2018年9月第一次印刷 印张:11 1/4
字数:226 000

定价:168.00元
(如有印装质量问题,我社负责调换)

"神农架自然遗产系列专著"编辑委员会

主 编

谢宗强

编 委

（按姓氏音序排列）

樊大勇　高贤明　葛结林　李纯清

李立炎　申国珍　王大兴　王志先

谢宗强　熊高明　徐文婷　赵常明

周友兵

总序

　　生物资源是指对人类具有直接、间接或潜在经济、科研价值的生命有机体，包括基因、物种及生态系统等。人类的发展，其基本的生存需要，如衣、食、住、行等绝大部分依赖于各种生物资源的供给。同时，生物资源在维系自然界能量流动、物质循环、改良土壤、涵养水源及调节小气候等诸多方面也发挥着重要的作用，是维持自然生态系统平衡的必要条件。某些物种的消亡可能引起整个系统的失衡，甚至崩溃。生物及其与环境形成的生态复合体，以及与此相关的各种生态过程，共同构成了人类赖以生存的支撑系统。

　　神农架是由大巴山东延余脉组成的相对独立的自然地理单元，位于鄂渝陕交界处。"神农架自然遗产系列专著"以地质历史和地形地貌为主要依据，经过专家咨询和研讨，打破行政界线，首次划定了神农架的自然地理范围（图1）。神农架地跨东经109°29′34.8″~111°56′24″、北纬30°57′28.8″~32°14′6″，面积约12 837km^2。神农架区域范围涉及湖北省神农架林区、巴东、秭归、兴山、保康、房县、竹山、竹溪，陕西省镇坪，重庆巫山、巫溪等地。该区域拥有丰富的生物多样性，是中国种子植物特有属的三大分布中心之一和中国生物多样性保护优先区域之一，2016年被列入《世界遗产名录》。

　　神农架拥有丰富的生物种类和特殊的动植物类群，吸引了世界各地学者前来考察研究。19世纪中叶到20世纪初，对神农架生物资源的考察主要以西方生物学家为主。先后有法、俄、美、英、德、瑞典、日本等国家或以政府名义或个人出面组织

▲ 图1 神农架的自然地理范围示意图

"考察队",到神农架进行植物采集和考察活动。其中,1888~1910年英国博物学家恩斯特·亨利·威尔逊20年间4次考察鄂西,发现超过500个新种、25个新属和1个新科(Trapellaceae),详细地记载了神农架珍稀植物的特征。依此为素材,发表专著《自然科学家在中国西部》和《中国——园林之母》。其采集种子培育出的植物遍布整个欧洲,采集的标本由哈佛大学阿诺德树木园编著了《威尔逊植物志》,成为神农架生物资源里程碑式的研究。1868年,法国生物学家阿曼德·戴维考察神农架,发表《谭微道植物志》。1884~1886年,俄国地理学家格里高利·尼古拉耶维奇·波塔宁考察神农架,发表《波塔宁中国植物考察集》。这些研究已成为世界了解中国植物资源的重要窗口,激发了近代中外学者对神农架自然资源的研究。

20世纪初以来,中国科学家先后开展了对神农架地质、地貌、植物、动物、气候等方面的研究。1922~1925年、1941~1943年、1946~1947年、1976~1978年、2002~2006年,中国科学院及湖北省的相关单位,分别对神农架动植物及植被进行了综合性考察和研究,先后完成了《神农架探察报告》《神农架森林勘察报告》《鄂西神农架地区的植被和植物区系》《神农架植物》《神农架白

总　序

然保护区科学考察集》《神农架国家级自然保护区珍稀濒危野生动植物图谱》等论著。到目前为止，国内外学者公开发表的关于神农架地质地貌、自然地理、生物生态等方面的重要研究论著已达620多篇（部）。

以往对神农架生物资源和生态的科学考察和研究，基本上以神农架林区或神农架保护区为边界范围，这割裂了神农架这一相对独立自然地理单元的完整性。神农架作为一个独特的完整地理单元，自第四纪冰川时期就已成为野生动植物重要的避难所，保存有大量古老残遗种类，很多生物是古近纪，甚至是白垩纪的残遗。到目前为止，尚未见到基于神农架完整地理单元开展的生物和生态方面的研究。"神农架自然遗产系列专著"是基于神农架独立自然地理单元开展的生物学和生态学研究的集成，包括：《神农架自然遗产的价值及其保护管理》《神农架自然遗产价值导览》《神农架植物名录》《神农架模式标本植物：图谱·题录》《神农架陆生脊椎动物名录》《神农架动物模式标本名录》《神农架常见鸟类识别手册》。各专著编写组成员精力充沛，掌握了新理论、新技术，保证了在继承基础上的创新。

"神农架自然遗产系列专著"通过对该区域进行野外调查和广泛收集科研文献及植物名录，整理出了神农架区域高等植物的科属组成与种类清单；对以神农架为产地的植物模式标本，通过图谱和题录两种形式反映它们的特征和信息；对神农架陆生脊椎动物进行了较为翔实的汇总、分析与研究，确定了神农架分布的陆生脊椎动物的名录；对动物模式标本的原始发表文献、标本数量及标本存放机构进行了系统整理，确定了物种有效性和分类归属；从鸟类的识别特征和生态特征两方面精选主要鸟类的高清影像、鸟类的生境和野外识别特征等汇编了常见鸟类野外识别手册；分析了神农架遗产地的价值要素构成，证明神农架在动植物多样性及其栖息地、生物群落及其生物生态学过程等方面具有全球突出价值；从自然地理、遗产价值、保护管理及价值观赏等方面以图集为主的方式，直观地展示了神农架的世界遗产价值。

湖北神农架森林生态系统国家野外科学观测研究站、湖北神农架国家级自然保护区管理局和科学出版社对该系列专著的编写与出版，给予了大力支持。我们希望"神农架自然遗产系列专著"的出版，有助于广大读者全面了解神农架的生物资源和生态价值，并祈望得到读者和学术界的批评指正。

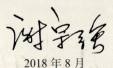

2018年8月

前言 Preface

　　建立自然保护地是保护生物多样性及其生物生态过程的最有效手段，几乎已成为所有国家和国际生物多样性保护战略的核心部分。目前，全球已建有 155 584 处自然保护地，覆盖了 12.5% 的陆地表面积。截至 2015 年年底，我国已建立 2740 处自然保护区。世界自然遗产地是一定面积的具有一种或多种特定自然价值的特殊区域，是全球最具有保护价值的自然保护地，强调全球突出普遍价值的完整性及其在全球的唯一性。截至 2016 年 9 月，全球共有 238 处保护地（其中包括 35 处自然和文化双遗产地）被列入《世界遗产名录》，我国有 15 处（其中 4 处为世界自然和文化双遗产地）遗产地列入。

　　华中山地是连接中国 – 喜马拉雅植物区系和中国 – 日本植物区系的桥梁，也是西南与华东到台湾植物区系联系的桥头堡。神农架自然遗产地地处华中山地，以其丰富的动植物多样性和独特的生物生态过程，维持着秦巴山地和北亚热带山地生态系统的功能和稳定性。从 19 世纪初开始，国内外研究人员就对神农架自然遗产地的地质地貌、动植物多样性和生态系统功能等进行了大量的调查和研究，这些工作为深入挖掘神农架自然遗产地的全球突出价值奠定了基础。

　　本研究在收集整理神农架历史文献资料的基础上，结合我们对神农架地区长达近 20 年的调查研究和数据积累，依据《实施保护世界文化与自然遗产公约和操作指南》（UNESCO World Heritage Centre，2015），从动植物多样性及其栖息地、生物群落及其生物生态过程等方面，分析论证了神农架自然遗产地的全球突出普遍价值。本研究首次明确了神农架自然遗产地的全球突出价值，为遗产地的科学合理保护、管理、监测提供了科学基础，是开展遗产保护、监测、管理及生物多样性研究和保护的重要参考资料。

中国科学院植物研究所应俊生、马克平、高贤明、樊大勇、熊高明、徐文婷、赵常明、周友兵、葛结林、杜彦君、赖江山、祝燕等，中国科学院动物研究所蒋志刚，住房和城乡建设部世界遗产专家委员会委员梁永宁、吕植、周志强、杨锐、李江海、解焱、张颖溢、庄优波等，住房和城乡建设部城市建设司左小平、刘红纯等，对遗产价值论证提出了有益的建议；湖北神农架国家级自然保护区管理局李立炎、王大兴、李纯清、王志先等提供了必要的资料和野外考察保障；中央电视台科教节目制作中心田荣和凤凰卫视王娜提供了部分影像资料；科学出版社编辑出色地完成了书稿的组织和协调工作。在此一并致谢！

由于自然遗产涉及的领域和研究内容广泛，本书难免挂一漏万，书中的错误和不妥之处，敬请批评指正。

本书的出版得到了湖北神农架森林生态系统国家野外科学观测研究站（暨中国科学院神农架生物多样性定位研究站）的资助。

著　者

2017 年 10 月

目录 Contents

1 自然地理 ··· 01
  1.1 地理位置 ······································ 002
  1.2 地质构造 ······································ 003
     1.2.1 构造背景 ······························· 003
     1.2.2 地层岩性 ······························· 003
  1.3 地形地势 ······································ 003
  1.4 气候 ·· 005
  1.5 水文 ·· 006
  1.6 土壤 ·· 008

2 历史和发展 ······································ 009
  2.1 自然历史 ······································ 010
  2.2 人类历史 ······································ 011
  2.3 保护历史 ······································ 012
     2.3.1 政府的保护和管理 ················ 012
     2.3.2 当地乡规民约保护 ················ 013
     2.3.3 原住民自然保护传统 ············ 013

3 植物多样性 ···································· 015
  3.1 植物区系 ······································ 016
  3.2 古老子遗植物 ······························ 016
  3.3 特有植物 ······································ 022

     3.3.1 神农架特有植物 ···················· 022
     3.3.2 中国特有植物 ······················· 022
  3.4 珍稀濒危植物 ······························ 027
  3.5 模式标本植物 ······························ 031

4 动物多样性 ···································· 035
  4.1 动物区系 ······································ 036
  4.2 动物物种 ······································ 037
     4.2.1 哺乳类 ································· 037
     4.2.2 鸟类 ···································· 042
     4.2.3 爬行类 ································· 043
     4.2.4 两栖类 ································· 045
     4.2.5 鱼类 ···································· 048
     4.2.6 昆虫 ···································· 048
  4.3 珍稀濒危动物 ······························ 048
  4.4 特有种 ·· 049
  4.5 模式标本动物 ······························ 050
  4.6 古老子遗动物 ······························ 050

5 生物群落与生态系统 ···················· 051
  5.1 生物地理区 ·································· 052
  5.2 生态系统 ······································ 053

5.2.1　生境类型·················053
　　5.2.2　生态系统类型···········053
　　5.2.3　垂直自然带谱···········065

6　植被·························069

6.1　植被类型······················070
6.2　植被分布······················078

7　全球突出普遍价值············081

7.1　生物多样性价值··············083
　　7.1.1　全球落叶木本植物最
　　　　　丰富的地区··············085
　　7.1.2　保存有丰富完整的古
　　　　　老孑遗物种··············085
　　7.1.3　北亚热带珍稀濒危、
　　　　　特有物种最关键的
　　　　　栖息地····················089
　　7.1.4　植物系统学、园艺
　　　　　科学与生物生态学
　　　　　的科学圣地··············090
7.2　生物生态学价值··············093
　　7.2.1　北半球常绿落叶阔叶
　　　　　混交林生态系统的最
　　　　　典型代表··················094
　　7.2.2　拥有东方落叶林生物
　　　　　地理省最完整的垂直
　　　　　带谱·······················095
　　7.2.3　世界温带植物区系的
　　　　　集中发源地···············095
7.3　遗产价值的完整性···········099
　　7.3.1　法律地位················099

　　7.3.2　边界及范围··············099
7.4　遗产价值对比分析············102
　　7.4.1　与列入《世界遗产名录》
　　　　　的山岳遗产对比·······102
　　7.4.2　与同一生物地理省的世
　　　　　界自然遗产地对比····117
　　7.4.3　与同一生物地理省
　　　　　列入预备清单的
　　　　　遗产地对比··············117
　　7.4.4　对比分析综合结论····120

8　遗产保护状况及影响因素······121

8.1　目前保护状况··················122
8.2　遗产地影响因素···············124
　　8.2.1　发展压力··················124
　　8.2.2　环境压力··················126
　　8.2.3　自然灾害··················126

9　遗产地保护与管理规划······127

9.1　保护内容·······················128
　　9.1.1　神农架遗产地东西两片
　　　　　连通························128
　　9.1.2　川金丝猴的保护·······132
　　9.1.3　珍稀濒危植物的保护···132
　　9.1.4　原始林的保护···········134
　　9.1.5　山地植被垂直带谱的
　　　　　保护·······················134
　　9.1.6　常绿落叶阔叶混交林的
　　　　　保护·······················136
9.2　分区管理·······················136
　　9.2.1　禁限区·····················139

9.2.2　展示区 ………………… 139
9.2.3　遗产地管理分区 ……… 139
9.2.4　缓冲区 ………………… 140

10　环境管控措施 …………… 145

10.1　水环境控制与保护 ……… 146
10.2　大气环境控制与保护 …… 146
10.3　声环境控制与保护 ……… 146
10.4　土壤控制与保护 ………… 147
10.5　环境卫生控制 …………… 148
10.6　自然灾害监控 …………… 148

11　旅游容量与管理对策 …… 151

11.1　遗产地环境容量分析 …… 152
　　　11.1.1　日环境容量分析 … 152
　　　11.1.2　年环境容量分析 … 152
11.2　游客数量控制 …………… 152
11.3　神农架机场对神农架地区游客增长情况的影响 ……… 153
　　　11.3.1　机场开通没有显著增加游客数量 ………… 153
　　　11.3.2　列入《世界遗产名录》后的游客增长预测 …… 153
　　　11.3.3　对列入《世界遗产名录》后游客增长的响应 … 154
　　　11.3.4　游客管控对策 …… 155

12　地方居民参与和社区发展 …… 157

12.1　地方居民参与现状和意愿 … 158
　　　12.1.1　地方居民对自然遗产保护的认知和态度 … 158
　　　12.1.2　地方居民对自然遗产保护与开发对环境影响的认识 ……………… 159
　　　12.1.3　地方居民参与规划决策的意愿 …………… 159
　　　12.1.4　地方居民参与商业经营的意愿 …………… 159
　　　12.1.5　地方居民参与利益分配的现状和意愿 … 159
12.2　社区共管 ………………… 162

参考文献 ……………………… 164

1 自然地理

神农架
自然遗产的价值及其保护管理

1.1 地理位置

湖北神农架自然遗产地位于湖北省西北部（图1.1），总体地势为西南高东北低，山脉近东西向横卧于遗产地西南部。最高点海拔为3106.2 m的神农

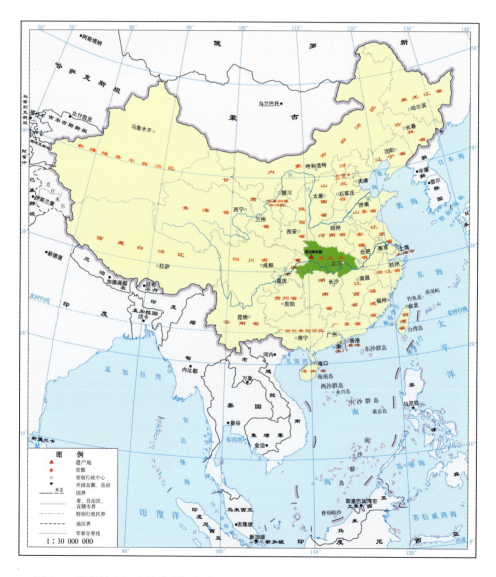

▲ 图 1.1　湖北神农架自然遗产地在中国的位置

顶，是华中第一峰，最低海拔位于下谷坪乡（图1.2），海拔为400 m，相对高差2706.2 m。

1.2 地质构造

1.2.1 构造背景

湖北神农架自然遗产地位于神农架断穹。该断穹呈穹隆状，为长江与汉水的分水岭。穹隆背部宽平，残留的震旦系产状水平；北翼地层产状平缓，倾角小于20°；南翼地层产状较陡，倾角在20°以上；穹隆南缘是寒武系至三叠系组成的一组斜列的边幕状褶皱。

1.2.2 地层岩性

湖北神农架自然遗产地地层出露较全，尤以上前寒武系及下古生界最为发育，主要出露在遗产地的大神农架、小神农架、老君山等地，呈近东西方向展布，主要由轻微区域变质的白云岩、砂岩、砾岩、板岩、千枚岩及玄武质火山岩组成。出露的地层大都为火成岩，按其成岩特征可分为侵入岩和火山岩两类。侵入岩由辉绿岩、辉长岩、橄榄岩组成，在神农顶－老君山一带和黄宝坪一带较为发育。火山岩以玄武岩为主，矿物质成分以细长柱状斜长石、辉石、基性玻璃为主，主要分布在神农架群乱石沟组、大窝坑组、台子组和马槽园群中。

1.3 地形地势

神农架位于中国地势第二阶梯的东部边缘，为大巴山脉东段组成的中山地貌。山脉走向与区域地质构造方向一致，呈近东西方向延伸，地势西南高东北低。山体高大雄伟，峡谷纵横深切。山峰多在海拔1500 m以上，海拔2500 m以上的有26座，海拔3000 m以上的有6座，包括神农顶、大神农架、小神农架等。神农顶为大巴山脉主峰和湖北省的最高点，也是华中地区最高点，号称"华中屋脊"（图1.3）。

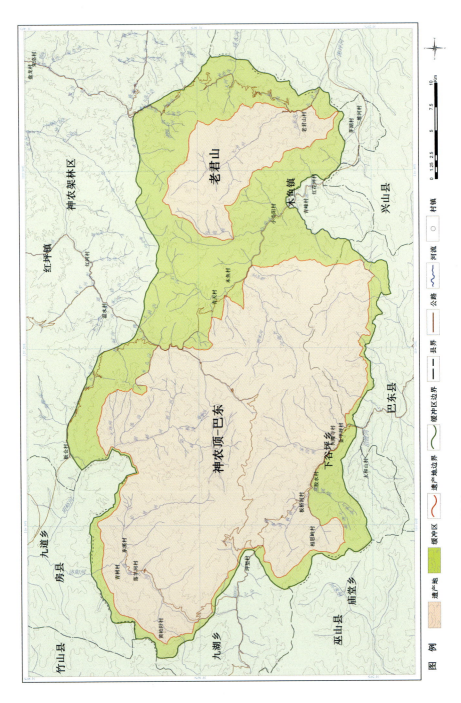

▲ 图 1.2 湖北神农架自然遗产地详图

1 自 然 地 理

▲ 图 1.3　构造地貌

1.4　气候

　　神农架属北亚热带季风气候，温暖湿润，与同纬度副热带高压控制下的干燥气候明显不同。神农架气候主要受亚热带环流控制，南、北冷暖气团在此交汇，使之成为中国南部亚热带与北部暖温带的气候过渡区域。神农架热量条件较优，水热同季，四季分明，年均气温为 12.1 ℃，最冷月（1 月）平均气温为 –8 ℃，最热月（7 月）平均气温为 26.5 ℃。全年日照时数为 1858.3 h，无霜期为 217 d。年降水量为 800~2500 mm，有明显的季节性。降水集中在 4~10 月，占全年总量的 86.8%。12 月至翌年 2 月降水仅占全年的 5.3%。降水量空间分布悬殊，总体趋势由南向北减少，由山下向山上增多。年均蒸发量为 500~800 mm，干旱指数为 0.50~0.53。神农架山体地势起伏，立体气候明显，具有明显的垂直气候带，从低海拔到高海拔依次呈现出北亚热带、暖温带、温带、寒温带气候特点。独特的地理区位和立体气候，使神农架成为第四纪冰川时期野生动植物的避难所。

1.5 水文

神农架山势呈近东西走向，水系发育旺盛。大致以大神农架和小神农架为中心形成放射状水系结构。神农架有大小溪流 453 条，属于山地河流，分属南河、堵河、香溪河、沿渡河四大水系。其中发源于神农架山脉南坡的香溪河、沿渡河属于长江支流，神农架北坡的南河、堵河属于汉江支流。神农架河流地表水总径流量为 43.7 亿 m^3/年。河网密度一般在 1 km/km² 以上，最密可达 1.6 km/km²（图 1.4，图 1.5）。

▲ 图 1.4　香溪河之源

1 自 然 地 理

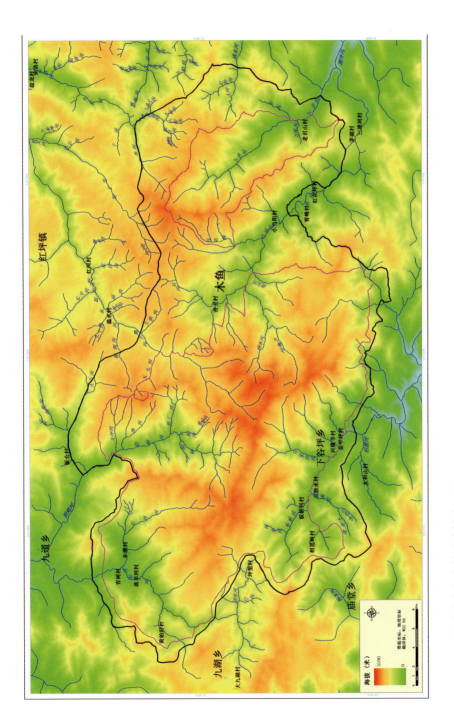

▲ 图 1.5 湖北神农架自然遗产地水系图

1.6 土壤

神农架在气候带上处于亚热带和暖温带的过渡地区，在地貌上属东部平原丘陵向西部高原山地过渡的区域，水热条件的差异导致神农架不同坡向土壤的垂直结构有较大差异。神农架土壤拥有明显的自然垂直带。南坡土壤垂直带谱依次为：1000 m 以下为常绿阔叶林带下的山地黄壤，1000~1700 m 为常绿落叶阔叶混交林带下的山地黄棕壤，1700~2200 m 为落叶阔叶林带下的山地棕壤，2200~2600 m 为针阔混交林带下的山地暗棕壤，2600 m 以上为巴山冷杉林和草甸下的山地灰化暗棕壤。北坡土壤垂直带谱依次为：800 m 以下为常绿阔叶林带下的黄棕壤，800~1600 m 为常绿落叶阔叶混交林带下的山地黄棕壤，1600~2100 m 为落叶阔叶林带下的山地棕壤，2100~2500 m 为针阔混交林带下的山地暗棕壤，2500~3000 m 为巴山冷杉和草甸下的灰化暗棕壤。

2 历史和发展

2.1 自然历史

湖北神农架自然遗产地在大地构造单元上处于扬子地块北缘，出露自中元古代以来的所有地层单元。距今 1600~1000 Ma 的中元古代，在地壳拉张的构造背景下，成为扬子地块北缘的一个陆缘裂谷盆地，形成了沉积厚度达 4000 m 以上，以白云岩为主，富含叠层石的中元古代神农架群地层，这是扬子地块地质单位出露最全的地段之一，也是世界上保存最完整的晚前寒武纪地层单元。

距今 1000~800 Ma，发生了席卷全球的格林威尔造山事件（晋宁造山事件）。这次事件使全球多个次级大陆聚合在一起，形成了统一的罗迪尼亚超级大陆。经过晋宁造山事件，遗产地由海洋转为陆地，由盆地转为山脉。此后，全球进入大陆裂解阶段。伴随大陆地壳的扩张，在遗产地发生了深部岩浆活动，形成了呈环状、带状分布的基性岩墙群。同一时期，由于出现"雪球地球"事件，在拉开的海盆中还堆积了一套巨厚的冰川沉积物，即南华系南沱冰碛岩。这套冰川沉积物是记录神农架地区当时古气候环境和古地理位置的重要标志。

早古生代，遗产地多次海侵和海退交替进行。晚古生代的遗产地处于海滨低地的环境。到中泥盆纪，此处上升为陆地。原始鳞木目、较大的石松类植物在这里占优势，并混有裸蕨纲（如拟裸蕨属）及原始真蕨（如古羊齿类）植物。晚泥盆纪，最古老的古蕨亚目达到顶峰时期，同时，原始楔叶植物和原始鳞木目繁盛。

中生代是遗产地构造格架最终定型的主要时期。这一时期在中国东部发生了强烈的印支－燕山时期的碰撞造山运动，地层的大面积断块抬升奠定了神农架一带断块穹形构造山地地貌的基本轮廓。三叠纪早期，这里气候温暖潮湿，苏铁类、松柏类、银杏类开始发展。

新生代，受喜马拉雅造山运动的影响，山体明显继续上升，形成了现在的华中第一峰——神农架。气候变得炎热而干燥，裸子植物、被子植物生长繁茂，第三纪气候转凉，这里被子植物已十分丰富。

进入第四纪以后，在总体隆升的背景下，新构造运动表现为间歇式的拱曲上升和新断裂的活动，使遗产地形成了山高谷深的地貌特征。此外，由于区内山势高耸，第四纪冰川尤为发育。第四纪气候寒冷，冰川广布全球，遗产地地处低纬度地带，地形条件复杂多样，该区植被受冰川影响程度较小而很快恢复起来，现在仍保存许多珍稀古老的高等植物（如水青树、连香树和巴东木莲）。

综上所述，遗产地保存有大量古老孑遗种类，很多生物是古近纪、第三纪甚至是白垩纪的孑遗种，成为研究世界生物区系最具特殊意义的地区，也是开展北亚热带环境与气候变化对生物演化影响研究最理想的实验场所，具有全球意义。

2.2 人类历史

湖北神农架自然遗产地历史悠久，考古工作者在朝阳河谷发现了距今120万年的石器，在红坪发现了距今10万年的人类遗址古犀牛洞，说明遗产地优越的生态环境和丰富的生物资源，为早期人类提供了理想的生存环境。在先秦阶段（公元前221年以前），遗产地属楚国。秦汉时期（公元前221~公元220年）置房陵县以后，为陕西汉中郡管辖。汉朝以后（公元220~1643年）分属邻近州郡县管辖（仅三国至隋初设绥阳县），清代（公元1644~1912年）隶属湖北省郧阳府房县及宜昌府兴山县。

遗产地自古就为流放之地。从先秦至宋代，流放于房县的14位君王中，影响较大的为唐中宗李显，于唐弘道元年（公元686年）被贬到此地13年。他们的到来为神农架增添了许多美丽传说，无疑给这片土地增加了一层深厚的文化积淀。

遗产地是中国历朝更迭期的避难所。神农架山高林密、云遮雾障、断崖深壑，历来被人视为"人迹罕至"之地。每逢中国朝代更迭，地方军阀的混战导致民不聊生之时，神农架就是首选的避难之所。

遗产地是古盐道的必经之路。神农架古盐道被称为"南方丝绸之路"，是纵横江汉、川鄂的一条陆路通道，"东连荆襄，南接施宜，西通巴蜀"（阳日湾清同治九年万寿宫碑铭文），是川盐流向中原的主要通道，其历史已绵延1500年（公元618年始），形成了独具特色的盐商文化。

遗产地人文资源丰富，拥有众多优美而古老的传说，古朴而神秘的民风民俗。一直流传的中华民族先祖——神农氏尝百草采药、开拓中华农业文明的传说，汉民族神话史诗《黑暗传》等非物质文化遗产，拥有1000多年历史的川鄂古盐道，古代屯兵的遗迹和有浓郁地方色彩的民俗风情。其区域文化特色被视为亚洲少见的山地文化圈——鄂西原生态文化群落带。

2.3 保护历史

湖北神农架自然遗产地突出的资源价值直到20世纪50年代中期至60年代初才被认识。在此之前，遗产地一直处于自然外力的作用之下。因此，遗产地的资源环境依旧保存完好。

2.3.1 政府的保护和管理

神农架至今保留有同治元年（1862年）、光绪十三年（1887年）两块清政府时期的石碑，分别镌刻"严禁山林""严禁石木"字样，是神农架古代保护山林的"石碑双壁"。国民政府期间，组织了两次大型的湖北神农架森林探察活动，完成《神农架探察报告》（1943年）和《神农架森林勘查报告》（1947年）两个有关神农架森林资源状况的报告，为神农架自然遗产地的保护和管理提供了重要的资料支持。

1982年神农架保护区经湖北省人民政府批准建立。1986年经国务院批准成立国家级森林和野生动物类型自然保护区。1990年加入联合国教科文组织（UNESCO）世界生物圈保护区网。1995年成为全球环境基金（GEF）资助的中国首批10个自然保护区之一。2006年成为国家林业系统首批示范保护区，加大了对神农架国家级自然保护区的管理和保护力度，对保护区的生态环境和生物多样性实施了有效保护。2011年成为全国森林旅游示范区试点单位和国家5A级旅游景区，制定了《神农架风景名胜区管理条例》，扩大了对神农架保护和管理的责任范围。2013年经联合国教科文组织批准，成为世界地质公园。

神农架自然遗产地巴东部分地处鄂西北大山深处，地势险峻，原始植被覆盖，交通封闭，为人口稀少区。自2013年开始，巴东部分及其缓冲区原有居民均已外迁。到目前为止，没有常住人口居住。因此，遗产资源环境保存完好。国家和地方各级政府，对巴东部分生态环境和资源的保护给予高度重视。2002年3月25日，湖北省人民政府批准建立"湖北巴东沿渡河金丝猴自然保护小区"。2010年6月3日，湖北省人民政府批准建立"湖北恩施巴东神农溪省级自然保护区"。2013年12月,更名为"湖北巴东金丝猴省级自然保护区"。为有效保护巴东金丝猴自然保护区的资源,2012年10月,依据《湖北巴东金丝猴自然保护区科学考察报告》及有关法规,编制了《湖北巴东金丝猴自然保护区总体规划》。

2.3.2 当地乡规民约保护

湖北神农架自然遗产地当地居民,自古以来就有制定乡规民约保护生态环境和自然资源的传统,历经时代的变迁,这些传统仍然在发挥着重要作用,如"封山育林","严禁挖山采石、毁林开荒、建窑烧炭、狩猎打鸟、毒鱼炸鱼"等喜闻乐见的语言,已成为当地居民共同制定、共同遵守的一种原始的民间法规。

2.3.3 原住民自然保护传统

当地原住民包括土家族、苗族、侗族等少数民族的风俗文化、宗教信仰均尊重自然,认为自然界中的万物都是有灵的,神山、古木神圣不可侵犯,动物不能随意猎取,一旦犯忌,要遭到惩罚。加之人们较多信仰佛教,不仅有不杀生的信念,而且有放生的习俗。"多种树,多种草,自然灾害就会少;花草多,树木多,幸福生活你来过",这些都是民间原始环保意识的体现。原住民为确保自身生存,保持着珍惜自然、保护环境的优良传统。

3 植物多样性

3.1 植物区系

湖北神农架自然遗产地处于东亚植物区系的中国–日本植物区系和中国–喜马拉雅植物区系的交汇地带。在漫长的地质历史上，自然环境几经变迁，给各个植物区系的接触、融合、特化提供了有利条件，因而造就了这里物种丰富多样的特征，拥有野生高等植物268科1206属3767种（表3.1），并集中分布有大量原始温带属和丰富的孑遗植物。表明这里是温带植物区系起源、分化、发展的中心地带之一。

表3.1 湖北神农架自然遗产地野生高等植物

门类	科数	百分比/%	属数	百分比/%	种数	百分比/%
苔藓植物	56	20.9	119	9.9	258	6.8
蕨类植物	39	14.6	87	7.2	325	8.6
裸子植物	6	2.2	16	1.3	33	0.9
被子植物	167	62.3	984	81.6	3151	83.6
总计	268	100.0	1206	100.0	3767	100.0

遗产地植物区系以温带成分为主，不仅是东亚植物区系的重要组成部分，而且与北美植物区系有比较密切的亲缘关系。根据著名植物学家吴征镒对中国种子植物分布区类型的划分，遗产地属于世界分布的有77属，占除栽培植物外所有986属种子植物的7.8%；属于热带分布的有323属，占32.8%；属于温带分布的共531属，占53.9%；中国特有属55属，占总属数的5.6%。遗产地植物区系以温带分布，特别是以北温带分布为主要成分。东亚分布型有147属，在本区系中有着特殊的重要意义。其中，属于中国–日本分布的有55属（图3.1），中国–喜马拉雅分布的有36属，东喜马拉雅–日本分布的有56属，充分反映了遗产地处于东亚两大植物区系，即中国–喜马拉雅植物区系和中国–日本植物区系交汇地带核心部位的基本特征。东亚–北美间断分布也占有较大的比例，共有81属，展现了东亚与北美之间植物悠久的历史渊源，同时反映了遗产地植物起源的古老性和特殊性。

3.2 古老孑遗植物

得天独厚的自然条件使神农架自然遗产地保存有大量的古老植物。其中，

3 植物多样性

▲ 图3.1　中国-日本分布亚型及古老子遗种：连香树 (*Cercidiphyllum japonicum*)

139科、597属起源于第三纪之前，分别占总科、属的51.9%和49.5%，充分反映了遗产地植物区系的古老性（图3.2）。

　　古地质资料表明，遗产地从中泥盆纪逐渐离开海面，发现的中泥盆纪晚期的原始鳞木目、石松类及裸蕨纲植物化石，充分表明了早在中泥盆纪晚期原始陆生植物已在这里发生。晚三叠纪植物化石有真蕨类11属、种子蕨类7属、苏铁类11属、银杏类5属、松柏类2属等，表明遗产地晚中生代维管束植物非常繁茂。白垩纪和第三纪地质化石中发现了杉科（Taxodiaceae）、麻黄科（Ephedraceae）、杨柳科（Salicaceae）、杨梅科（Myricaceae）、胡桃科（Juglandaceae）、桦木科（Betulaceae）、壳斗科（Fagaceae）、榆科（Ulmaceae）、山龙眼科（Proteaceae）、檀香科（Santalaceae）、藜科（Chenopodiaceae）、木兰科（Magnoliaceae）、金缕梅科（Hamamelidaceae）等60多个科植物的化石或其孢粉化石。

　　化石证据证明，遗产地古老植物中有很多孑遗成分，出现在遗产地地史上的主要有古生代的石松属（*Lycopodium*）、卷柏属（*Selaginella*）（图3.3），

◀ 图 3.2 古老子遗种：水青树 (*Tetracentron sinense*)

▲ 图 3.3 卷柏 (*Selaginella* sp.)

三叠纪的紫萁属（*Osmunda*）、芒萁属（*Dicranopteris*），侏罗纪的海金沙属（*Lygodium*）、松属（*Pinus*）、胡桃属（*Juglans*）、榆属（*Ulmus*）等，白垩纪的红豆杉属（*Taxus*）、水青冈属（*Fagus*）、木兰属（*Magnolia*），第三纪的冷杉属（*Abies*）（图3.4）、青钱柳属（*Cyclocarya*）、柳属（*Salix*）、鹅掌楸属（*Liriodendron*）。化石证据表明，这些古老植物的现代分布区大幅度缩小，如珙桐属（*Davidia*）（图3.5）现今分布于遗产地及云南、四川、贵州往东经湖南、湖北至安徽黄山和浙江天目山等地，但其古孢粉发现于除现代分布区以外的江西清江的早始新世。瘿椒树属（*Tapiscia*）化石发现于山东山旺的中新世地层中。牛鼻栓属（*Fortunearia*）只一种，现今分布于遗产地及山西、河南、四川、湖北、安徽、江西及浙江，但其化石发现于晚上新世。化石和小化石的发现，证明了这些特有属的古老性。

结合间断分布式样，化石证据也表明了遗产地的古老植物中富含孑遗成分，七子花属（*Heptacodium*）和崖白菜属（*Triaenophora*）是最典型的例子。七子花属目前仅发现一个种，即七子花（*Heptacodium miconioides*），间断分布于神农架和浙江东部。崖白菜属（图3.6）为寡型属，目前发现2种，一

▲ 图3.4 巴山冷杉（*Abies chensiensis*）

▲ 图 3.5 珙桐 (*Davidia involucrata*)

种产自鄂西建始和巴东，另一种产自重庆城口；但与其极为近缘的单型属植物 *Spirostegia bucharica* 则间断分布于中亚乌兹别克斯坦及土库曼地区。崖白菜属分布于石灰岩地区的悬崖上，而中亚的 *Spirastegia bucharica* 则生长于盐度较大的荒漠地区。寡型属鹅掌楸属和檫木属 (*Sassafras*) 属于东亚－北美间断分布，前者有鹅掌楸 (*Liriodendron chinense*)（图 3.7) 和北美鹅掌楸 (*Liriodendron tulipifera*) 2 个种，间断分布于中国大陆与北美地区；后者有檫木 (*Sassafras tzumu*)、台湾檫木 (*Sassafras randaiense*) 和北美檫木 (*Sassafras albidum*) 3 个种，间断分布于中国和北美地区，它们不仅是东亚－北美植物区系具亲缘关系的佐证，而且是子遗植物的典型代表。

上述事实表明，遗产地植物区系早在第三纪已基本形成，遗产地高耸而

3　植物多样性

◀ 图 3.6　崖白菜 (*Triaenophora rupestris*)

▲ 图 3.7　鹅掌楸 (*Liriodendron chinense*)

又复杂多变的地形成为欧亚大陆第四纪冰川时期气候波动过程中重要的生物避难所，保留了较多第四纪冰川时期之前的古老孑遗物种，为物种的保存、繁衍和发展提供了得天独厚的条件。

3.3 特有植物

地理位置的特殊性、地貌的多样性和气候的独特性，使湖北神农架自然遗产地孕育了丰富的特有植物。其中，神农架特有植物 205 种，特有属 2 个，中国特有植物 1793 种（表 3.2）。

表 3.2 神农架遗产地特有植物

门类	神农架特有	中国特有	备注
蕨类植物	9	86	
裸子植物	1	31	不含栽培植物
被子植物	195	1676	不含栽培植物
总计	205	1793	

3.3.1 神农架特有植物

遗产地 205 种神农架特有植物隶属于 57 科 131 属，包括新发现命名的 2 个属，分别是征镒麻属（*Zhengyia*）和匍茎芹属（*Repenticaulia*）。在科属组成上，菊科（Asteraceae）有 11 属 25 种，蔷薇科（Rosaceae）有 8 属 12 种，唇形科（Labiatae）有 8 属 11 种，而凤仙花科的凤仙花属（*Impatiens*）、菊科的蟹甲草属（*Parasenecio*）和罂粟科的紫堇属（*Corydalis*）均以含 7 种特有种位居所有属之首，其他属均未能超过 5 种（图 3.8~图 3.13）。

3.3.2 中国特有植物

遗产地有中国特有植物 1793 种，占神农架维管束植物总种数（不含栽培种，下同）的 50.7%，隶属于 136 科 540 属。其中，蕨类植物 18 科 37 属 86 种，裸子植物 6 科 15 属 31 种，种子植物 112 科 488 属 1676 种（图 3.14，图 3.15）。

3 植物多样性

◀ 图 3.8 洪平杏 (*Armeniaca hongpingensis*)

▲ 图 3.9 顶喙凤仙花 (*Impatiens compta*)

▲ 图3.10　神农架铁线莲 (*Clematis shenlungchiaensis*)

◀ 图3.11　神农架乌头 (*Aconitum shennongjiaense*)

3 植物多样性

▲ 图 3.12　神农架无心菜 (*Arenaria shennongiiaensis*)

▲ 图 3.13　兴山五味子 (*Schisandra incarnata*)

◀ 图 3.14 花葶乌头 (*Aconitum scaposum*)

▲ 图 3.15 中华枫 (*Acer sinense*)

3.4 珍稀濒危植物

湖北神农架自然遗产地有各类珍稀濒危野生维管束植物234种（表3.3）。遗产地珍稀濒危植物主要分布于干扰少的阴湿沟谷及特殊生境，集中分布的海拔范围为1000~1800 m，分布比较集中的地点主要有6处（图3.16，图3.17）。

表3.3 湖北神农架自然遗产地珍稀濒危植物

门类	IUCN（2014）			CITES（2014）		国家保护野生植物名录	
	极危（CR）	濒危（EN）	易危（VU）	Ⅰ级	Ⅱ级	Ⅰ级	Ⅱ级
蕨类植物	0	2	4	0	0	0	1
裸子植物	0	0	5	2	0	2	7
被子植物	7	31	61	14	78	18	139
合计	7	33	70	16	78	20	147

(1) 九冲河流域：南方红豆杉（Taxus wallichiana var. mairei）、珙桐（Davidia involucrata）、巴东木莲（Manglietia patungensis）、黄心夜合（Michelia martini）、石斛（Dendrobium sp.）等兰科（Orchidaceae）植物、革叶猕猴桃（Actinidia rubricaulis var. coriacea）等猕猴桃属植物。

(2) 羊圈河流域：连香树（Cercidiphyllum japonicum）、巴山榧树（Torreya fargesii）、珙桐、红豆杉（Taxus wallichiana var. chinensis）、扇脉杓兰（Cypripedium japonicum）、独蒜兰（Pleione bulbocodioides）等兰科植物、中华猕猴桃（Actinidia chinensis）、狗枣猕猴桃（Actinidia kolomikta）等猕猴桃属植物。

(3) 阴峪河流域：珙桐、连香树、红豆杉、七叶一枝花（Paris polyphylla）等重楼属植物、京梨猕猴桃（Actinidia callosa var. henryi）、四萼猕猴桃（Actinidia tetramera）等猕猴桃属植物、大花斑叶兰（Goodyera biflora）等兰科植物。

(4) 长坪河流域：红豆杉、巴山榧树、连香树、蛇足石杉（Huperzia serrata）、毛杓兰（Cypripedium franchetii）等兰科植物、美味猕猴桃（Actinidia chinensis var. deliciosa）等猕猴桃属植物。

(5) 马家沟河流域：台湾水青冈（Fagus hayatae）、珙桐、红豆杉、黄

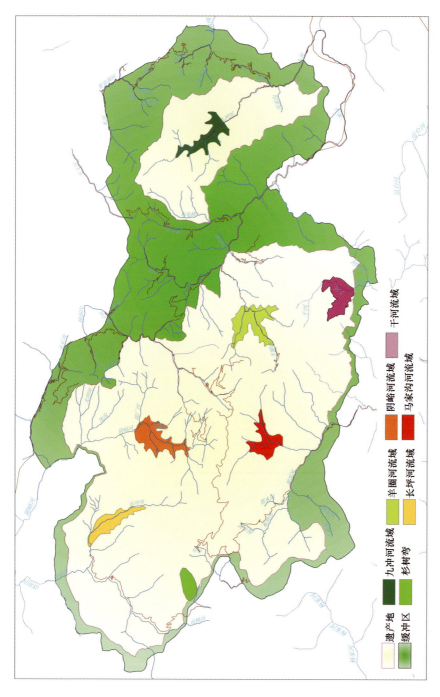

图 3.16 湖北神农架自然遗产地珍稀濒危植物重点保护小区示意图

◀ 图 3.17　华重楼 (*Paris polyphylla* var. *chinensis*)

花白及（*Bletilla ochracea*）等兰科植物、巴东猕猴桃（*Actinidia tetramera* var. *badongensis*）等猕猴桃属植物。

（6）杉树弯周围：珙桐、红豆杉、城口桤叶树（*Clethra fargesii*）、中华猕猴桃等猕猴桃属植物、虾脊兰（*Calanthe discolor*）等兰科植物。

其中，收录于世界自然保护联盟（IUCN）物种红色名录（2014）的濒危植物有110种，包括极危7种，濒危33种，易危70种；收录于《濒危野生动植物种国际贸易公约》（CITES）(2014)的有94种，其中Ⅰ级16种，Ⅱ级78种，除红豆杉属（*Taxus*）两个变种红豆杉（*Taxus wallichiana* var. *chinensis*）、南方红豆杉（*Taxus wallichiana* var. *mairei*）之外，其余91种全部为兰科（Orchidaceae）植物，如独花兰（*Changnienia amoena*）、扇脉杓兰（*Cypripedium japonicum*）、天麻（*Gastrodia elata*）等；收录于国家重点保护野生植物名录的有167种，其中Ⅰ级20种，Ⅱ级147种，包括所有兰科植物（图3.18~图3.20）。

▲ 图 3.18　南方山荷叶 (*Diphylleia sinensis*)

▲ 图 3.19　独花兰 (*Changnienia amoena*)

▲ 图 3.20　香果树 (*Emmenopterys henryi*)

3.5　模式标本植物

　　湖北神农架自然遗产地共有模式标本维管束植物 523 种，占遗产地野生维管束植物总种数 14.9%（表 3.4，图 3.21~图 3.26）。

表 3.4　湖北神农架自然遗产地模式标本植物

门类	科数	属数	种数
蕨类植物	8	14	22
裸子植物	2	4	5
被子植物	78	245	496
总计	88	263	523

▲ 图3.21　巫山淫羊藿 (*Epimedium wushanense*)

▲ 图3.22　波叶红果树 (*Stranvaesia davidiana* var. *undulata*)

3 植物多样性

◀ 图 3.23 光叶水青冈 (*Fagus lucida*)

▲ 图 3.24 红茴香 (*Illicium henryi*)

▲ 图 3.25　巴东荚蒾 (*Viburnum henryi*)

▲ 图 3.26　房县枫 (*Acer sterculiaceum*)

4 动物多样性

4.1 动物区系

湖北神农架自然遗产地处于东亚腹地，是欧亚大陆东缘从低地平原丘陵到中部山地的第一过渡带，是东洋界与古北界、北亚热带与暖温带的交汇过渡区域。在动物地理区划上，属东洋界中印亚界华中区西部山地高原亚区。动物区系组成表现出东洋界与古北界物种交融汇集的特征。动物的分布型以东洋型（28.3%）和南中国型（17.9%）区系成分占优势，古北型（13.7%）、喜马拉雅 – 横断山区型（10.9%）、东北型（7.8%）、全北型（5.2%）等区系成分渗透其间，东洋区的鸟兽动物区系占绝对优势，兼有古北区的区系成分，反映出生物区系的古老性和野生动物物种的丰富多样性（表4.1）。

表4.1 湖北神农架自然遗产地陆生脊椎动物区系成分

类别	总种数	全北型(C)	古北型(U)	东北型(M)	华北型(B)	东北-华北型(X)	季风区型(E)	中亚型(D)	高地型(P)	喜马拉雅-横断山区型(H)	云贵高原(Y)	南中国型(S)	东洋型(W)	局地型(L)	广布型(O)
哺乳类	87	2	10		2	1	7		1	9		22	27		6
鸟类	399	28	69	45		5	4	3	4	48		35	118		40
爬行类	53				1	1	8			2	1	28	12		
两栖类	37					3	4			4	1	18	6	1	
总计	576	30	79	45	3	10	23	3	5	63	2	103	163	1	46
百分比/%		5.2	13.7	7.8	0.5	1.7	4.0	0.5	0.9	10.9	0.3	17.9	28.3	0.2	8.0

遗产地是保存北亚热带动物的天然宝库。已知兽类物种数占湖北省兽类的98.86%和全国兽类的12.95%，鸟类分别占76.58%和29.08%，爬行类分别占94.64%和11.50%，两栖类分别占74.00%和9.07%。遗产地的动物种数与周边的陕西、重庆、湖南和河南相比，兽类物种数占60.00%~133.85%；鸟类物种数占76.58%~111.14%；爬行类物种数占64.63%~155.88%；两栖类物种数占52.86%~148.00%；说明遗产地为邻近区域的动物聚集分布地（表4.2）。

表 4.2 湖北神农架自然遗产地与邻近区域陆生脊椎动物丰富度的对比

门类		神农架	湖北	陕西	重庆	湖南	河南	中国
哺乳类	种数	87	88	145	104	97	65	672
	比例 /%		98.86	60.00	83.65	89.69	133.85	12.95
鸟类	种数	399	521	453	359	396	360	1372
	比例 /%		76.58	88.08	111.14	100.76	110.83	29.08
爬行类	种数	53	56	54	40	82	34	461
	比例 /%		94.64	98.15	132.50	64.63	155.88	11.50
两栖类	种数	37	50	25	43	70	27	408
	比例 /%		74.00	148.00	86.05	52.86	137.04	9.07
总数	种数	629	715	677	546	645	486	2913
	比例 /%		87.97	92.91	115.20	97.52	129.42	21.59

4.2 动物物种

湖北神农架自然遗产地共有野生脊椎动物 33 目 122 科 354 属 629 种，野生昆虫 26 目 297 科 2227 属 4365 种（表 4.3）。

表 4.3 湖北神农架自然遗产地野生动物物种

门类	目数	科数	属数	种数	占总种数 /%
哺乳类	7	24	64	87	1.74
鸟类	18	67	189	399	7.99
爬行类	2	10	35	53	1.06
两栖类	2	9	24	37	0.74
鱼类	4	12	42	53	1.06
昆虫类	26	297	2227	4365	87.41
总计	59	419	2581	4994	100.00

4.2.1 哺乳类

依据已有研究成果和科考记录，湖北神农架自然遗产地共有哺乳动物 87

种，包含丰富多样的珍稀濒危物种，如川金丝猴（*Rhinopithecus roxellana*）、云豹（*Neofelis nebulosa*）、金钱豹（*Panthera pardus*）、金猫（*Catopuma temminckii*）、豺（*Cuon alpinus*）、黑熊（*Ursus thibetanus*）、水獭（*Lutra lutra*）、大灵猫（*Viverra zibetha*）、林麝（*Moschus berezovskii*）、中华斑羚（*Naemorhedus griseus*）、中华鬣羚（*Capricornis milneedwardsii*）等。

川金丝猴湖北亚种　　***Rhinopithecus roxellana hubeiensis*** **Wang，Jiang and Li，1998**

遗产地分布的川金丝猴是中国特有种（图4.1），主要分布于湖北、四川、甘肃等地，三个亚种分布区相互隔离，呈孤岛状分布。遗产地是川金丝猴分布的最东端，且是其湖北亚种的全球现存分布地。其在遗产地主要群栖于海拔 1600~3000 m 的针叶林、针阔混交林和落叶阔叶林中（图4.2）。经过 20 余年的保护，现有 8 群 1550 余只，种群呈稳定增长趋势。川金丝猴为全球珍稀濒危物种，为实施有效保护，被 IUCN 物种红色名录（2016）列为濒危级（EN）物种，列入 CITES 附录 I，被《中国物种红色名录》（红皮书）列为易危级（VU）物种，是《中华人民共和国野生动物保护法》附录"国家重点保

▲ 图 4.1　川金丝猴湖北亚种 (*Rhinopithecus roxellana hubeiensis*)

4 动物多样性

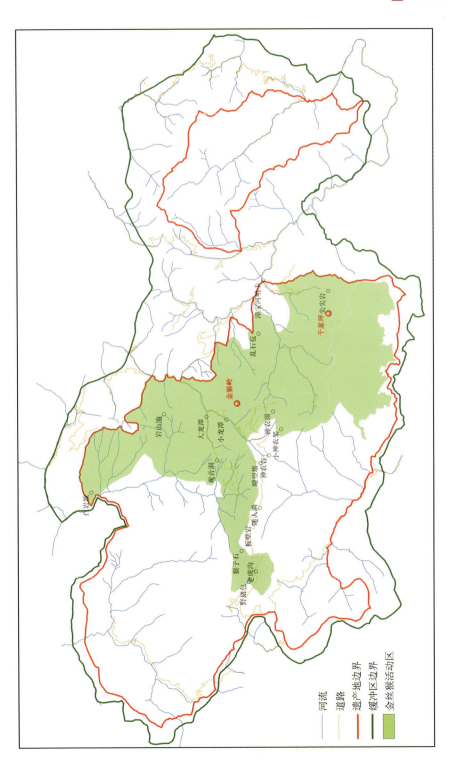

▲ 图 4.2 湖北神农架自然遗产地金丝猴分布示意图

护野生动物名录"Ⅰ级重点保护野生动物。

黑熊 *Ursus thibetanus* G. (Baron) Cuvier，1823

黑熊为食肉目熊科大型兽类，遗产地是黑熊栖息最为集中且种群数量较多的原分布区之一，在遗产地主要栖息于阔叶林和针阔混交林中，每年 11 月开始减少活动，进入冬眠期。黑熊被 IUCN 物种红色名录（2016）列为易危级（VU）物种，列入 CITES 附录Ⅰ，被《中国物种红色名录》（红皮书）列为易危级（VU）物种，是《中华人民共和国野生动物保护法》附录"国家重点保护野生动物名录"Ⅱ级重点保护野生动物。

林麝 *Moschus berezovskii* Flerov，1929

林麝是一种中小体型麝类，雌雄均无角，在湖北神农架自然遗产地主要活动于海拔 1000~3000 m 阔叶林、针叶林及亚高山灌木林中。林麝被 IUCN 物种红色名录（2016）列为濒危级（EN）物种，列入 CITES 附录Ⅱ，被《中国物种红色名录》（红皮书）列为极危级（CR）物种，是《中华人民共和国野生动物保护法》附录"国家重点保护野生动物名录"Ⅰ级重点保护野生动物（图 4.3）。

中华鬣羚 *Capricornis milneedwardsii* David，1869

"天马，常飞腾天都莲花诸峰""康熙壬寅秋，慈光僧同客登文殊院，远望犀牛山峰顶有天马，银鬃金毛，四足皆捧以祥云，须臾跃过数十峰，每峰隔越数十丈，一跃便过"。古代志书中描绘的"天马"即为中华鬣羚，是亚洲东南部热带、亚热带地区的典型动物之一，在遗产地主要活动于海拔 1000~3000 m 针阔混交林、针叶林或多岩石的灌木林中。中华鬣羚被 IUCN 物种红色名录（2016）列为近危级（NT）物种，列入 CITES 附录Ⅰ，被《中国物种红色名录》（红皮书）列为易危级（VU）物种，是《中华人民共和国野生动物保护法》附录"国家重点保护野生动物名录"Ⅱ级重点保护野生动物（图 4.4）。

中华斑羚 *Naemorhedus griseus* Milne-Edwards，1871

中华斑羚是体型较小的羚羊类物种，是亚热带、北温带地区的典型动物之一，在湖北神农架自然遗产地主要栖息于海拔 1000 m 左右的山地森林中，单独或成小群活动。中华斑羚被 IUCN 物种红色名录（2016）列为易危级（VU）物种，列入 CITES 附录Ⅰ，被《中国物种红色名录》（红皮书）列为易危级（VU）物种，是《中华人民共和国野生动物保护法》附录"国家重点保护野生动物名录"Ⅱ级重点保护野生动物（图 4.5）。

4 动物多样性

▲ 图4.3 林麝 (Moschus berezovskii)

▲ 图4.4 中华鬣羚 (Capricornis milneedwardsii)

▲ 图 4.5　中华斑羚 (*Naemorhedus griseus*)

4.2.2　鸟类

　　湖北神农架自然遗产地地处东洋界与古北界的交汇过渡地带，海拔高差达 2706.2 m，具有从常绿阔叶林到亚高山针叶林、灌丛草甸等丰富而完整的自然垂直带谱，为东洋界与古北界多种鸟类的汇集提供了丰富多样的生境条件，也为迁徙型鸟类提供了安全且食物充足的迁徙通道。依据科考记录和现有科学研究，目前遗产地共有 399 种鸟类，且为中国三大鸟类迁徙路线的中线，是红嘴鸥（*Larus ridibundus*）、普通鸬鹚（*Phalacrocorax carbo*）等一批珍禽的迁徙通道（张孚允和杨若莉，1997）。

　　金雕 *Aquila chrysaetos* Linnaeus，1758

　　金雕为隶属隼形目鹰科的大型猛禽，栖息于山地森林、山地草原，平原较少见，湖北神农架自然遗产地为其主要栖息森林类型分布区之一。金雕被 IUCN 物种红色名录（2016）列为无危级但至少要考虑（LC）物种，列入 CITES 附录 II，被《中国物种红色名录》（红皮书）列为易危级（VU）物种，是《中华人民共和国野生动物保护法》附录"国家重点保护野生动物名录" I 级重点保护野生动物（图 4.6）。

▲ 图 4.6　金雕 (Aquila chrysaetos)

白冠长尾雉 *Syrmaticus reevesii* **J. E. Gray，1829**

白冠长尾雉是中国特有种，在遗产地主要于常绿针阔混交林和落叶阔叶林中栖息觅食。其长长的尾羽称为"雉翎"，具较高观赏价值。白冠长尾雉被 IUCN 物种红色名录（2016）定为易危级（VU）物种，被《中国濒危动物红皮书》列为濒危级（EN）物种，是《中华人民共和国野生动物保护法》附录"国家重点保护野生动物名录"Ⅱ级重点保护野生动物（图 4.7）。

勺鸡 *Pucrasia macrolopha* **Lesson，1829**

勺鸡在湖北神农架自然遗产地栖息于海拔 1500~3000 m 的针阔混交林、开阔的多岩林地、松林及灌丛中。勺鸡被 IUCN 物种红色名录（2016）列为无危级但至少要考虑（LC）物种，列入 CITES 附录Ⅲ，被《中国物种红色名录》（红皮书）列为近危级（NT）物种，是《中华人民共和国野生动物保护法》附录"国家重点保护野生动物名录"Ⅱ级重点保护野生动物。

4.2.3　爬行类

依据科考记录和现有科学研究，目前湖北神农架自然遗产地共有 53 种爬行类动物。

▲ 图 4.7　白冠长尾雉（*Syrmaticus reevesii*）

白头蝰 *Azemiops feae* Boulenger，1888

白头蝰在湖北神农架自然遗产地主要分布于海拔 1600 m 以下中低山地带。白头蝰处于游蛇科与蝰科演化的中间环节，是蝰科中的原始类群，只有单属独种，对研究管牙类毒蛇的起源与演化有着重要意义。其种群数量稀少，分布密度较低，是十分珍稀的古老蛇类物种。白头蝰被 IUCN 物种红色名录（2016）列为无危级但至少要考虑（LC）物种，被《中国物种红色名录》（红皮书）列为易危级（VU）物种。

尖吻蝮 *Deinagkistrodon acutus* Günther，1888

尖吻蝮是全球珍稀濒危物种，在遗产地主要生活在海拔 1400 m 以下的阔叶林带。尖吻蝮是中国特有的古老孑遗物种，第三纪早期始新世的中国中南部为尖吻蝮的起源地。尖吻蝮有剧毒，古代对该种就有较丰富的认识。历史文献及现代动物学研究证实，自中国最早的文字甲骨文出现后就开始对尖吻蝮有记述，在上古时期称"巴"，秦汉时期称"蝮虫"，唐宋时在湖北神农架自然遗产地称褰鼻蛇，现代称五步蛇或尖吻蝮。尖吻蝮被 IUCN 物种红色名录（2016）列为无危级但至少要考虑（LC）物种，被《中国物种红色名录》（红皮书）列为濒危级（EN）物种（图 4.8）。

▲ 图 4.8　尖吻蝮 (*Deinagkistrodon acutus*)

黑眉锦蛇 *Elaphe taeniura* Cope，1861

黑眉锦蛇是一种大型蛇类，体长可达 2 m，为古北界和东洋界的广布种。在湖北神农架自然遗产地主要生活在海拔 2400 m 以下的阔叶林带。黑眉锦蛇被 IUCN 物种红色名录（2016）列为无危级但至少要考虑（LC）物种，被《中国物种红色名录》（红皮书）列为濒危级（EN）物种（图 4.9）。

4.2.4　两栖类

依据科考记录和现有科学研究，目前湖北神农架自然遗产地共有 37 种两栖类动物。

大鲵 *Andrias davidianus* Blanchard，1871

大鲵是世界上现存最大的最珍贵的两栖动物，体长可达 1.8 m。在遗产地主要生活在海拔 2000 m 以下的阔叶林带的溪涧河流中。大鲵是 3 亿年前与恐龙同一时代生存并延续下来的珍稀物种，被称为"活化石"。大鲵的脏器器官构造特殊，已经出现了一些爬行类的特征，对阐述动物进化具有重要价值。大鲵是全球极度濒危物种，被 IUCN 物种红色名录（2016）列为极危级（CR）

▲ 图4.9　黑眉锦蛇（*Elaphe taeniura*）

物种，列入 CITES 附录 I，被《中国物种红色名录》（红皮书）列为极危级（CR）物种，是《中华人民共和国野生动物保护法》附录"国家重点保护野生动物名录"Ⅱ级重点保护野生动物（图4.10）。

巫山北鲵 *Ranodon shihi* Liu，1950

巫山北鲵属小鲵科，是原始有尾两栖类的一种，其与北鲵属的其他种类呈种间断裂分布，其在喜马拉雅造山运动发生之前即生活在欧亚大陆的腹地，在研究小鲵科分类、系统演化方面有着重要价值。在遗产地主要生活在海拔910~2350 m 的中低山区溪流中。巫山北鲵是中国特有物种，被 IUCN 物种红色名录（2016）和《中国物种红色名录》（红皮书）均列为近危级（NT）物种（图4.11）。

棘腹蛙 *Paa boulengeri* Güenther，1889

棘腹蛙是中国特有物种，在遗产地主要生活在海拔 700~1900 m 多石块的溪流中。棘腹蛙被 IUCN 物种红色名录（2016）列为濒危级（EN）物种，被《中国物种红色名录》（红皮书）列为易危级（VU）物种（图4.12）。

4 动物多样性

▲ 图 4.10　大鲵 (*Andrias davidianus*)

▲ 图 4.11　巫山北鲵 (*Ranodon shihi*)

047

▲ 图 4.12　棘腹蛙 (*Paa boulengeri*)

4.2.5　鱼类

依据科考记录和现有科学研究，目前湖北神农架自然遗产地共有 53 种鱼类。其中，遗产地为神农栉鰕虎（*Ctenogobius shennongensis*）的模式标本产地，主要分布在遗产地的关门河流域。

4.2.6　昆虫

依据科考记录和现有科学研究，目前湖北神农架自然遗产地共有 26 目 297 科 2227 属 4365 种昆虫，其中包括以遗产地命名的神农蟊属（*Shennongia*）等 300 余种特有与模式种属（图 4.13）。

4.3　珍稀濒危动物

湖北神农架自然遗产地有各类珍稀濒危脊椎动物 130 种，隶属于 22 目 46 科 95 属，占遗产地脊椎动物总物种数的 20.67%。其中，IUCN 物种红色

▲ 图 4.13 奇异安螽 (*Anisotima dispar*)

名录（2016）收录的濒危物种有 30 种，《濒危野生动植物种国际贸易公约》（CITES）(2016) 附录 I 收录 13 种、附录 II 收录 60 种（表 4.4）。

表 4.4 湖北神农架自然遗产地珍稀濒危动物

门类	IUCN(2016)	CITES(2016)		中国物种红色名录 (2015)	国家重点保护野生动物名录 (1988)	
		I	II		I	II
哺乳类	7	8	4	19	5	10
鸟类	14	4	54	21	3	62
爬行类	2	0	2	14	0	0
两栖类	6	1	0	9	0	2
鱼类	1	0	0	10	0	1
总计	30	13	60	73	8	75

4.4 特有种

湖北神农架自然遗产地共有中国特有脊椎动物物种 91 种。其中遗产地是川金丝猴湖北亚种全球的现存分布地。

4.5 模式标本动物

遗产地共有模式标本动物317种，占遗产地动物种类总数的6.35%。此外，遗产地还是川金丝猴湖北亚种的模式产地。

4.6 古老孑遗动物

遗产地复杂多样的地形条件，使其成为欧亚大陆腹地第四纪冰川时期气候波动过程中重要的生物避难所，保存了丰富而完整的第三纪孑遗动植物，拥有较多的单型或孑遗的科或属。遗产地保留了第四纪冰川时期之前的孑遗动物大鲵、中国小鲵、巫山北鲵、白头蝰等10种古老物种。

5 生物群落与生态系统

湖北神农架自然遗产地作为北半球常绿落叶阔叶混交林生态系统的最典型代表,拥有边界清楚、相对独立和典型完整的垂直自然带谱,在动植物区系、植被类型和生物演化过程等方面,集中体现了北半球常绿落叶阔叶混交林生态系统独有的生物生态特征,成为全球生态关键区域之一。

5.1 生物地理区

根据 Udvardy(1975)生物地理系统,湖北神农架自然遗产地位于全球 8 个生物地理界中的古北界(the palaearctic realm),属于 193 个生物地理省中的东方落叶林生物地理省(oriental deciduous forest)(表 5.1,图 5.1)。

表 5.1 湖北神农架自然遗产地 Udvardy 生物地理系统的分类

No.	生物地理界	生物地理省	生物群区
2.15.6	古北界	东方落叶林	温带阔叶林

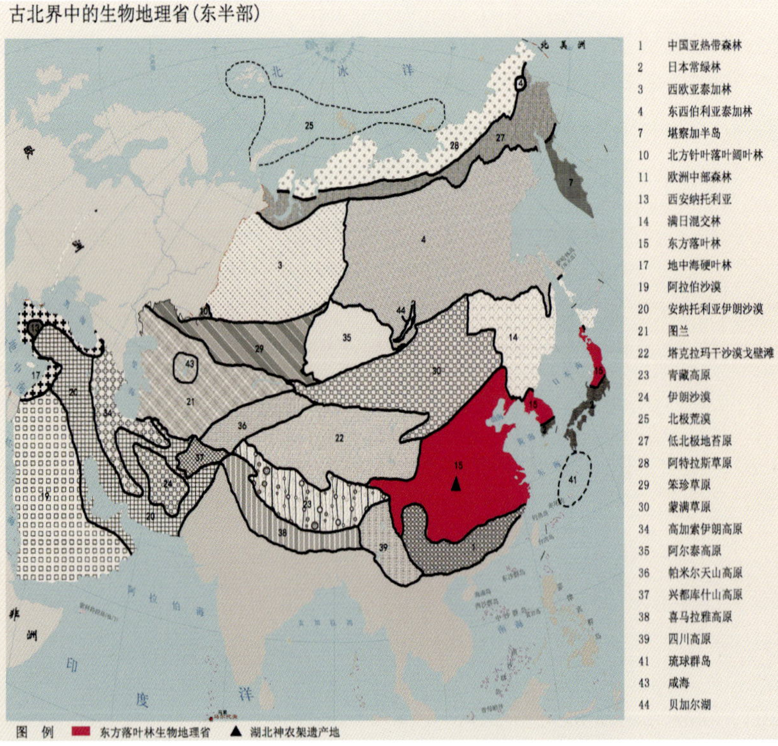

▲ 图 5.1 东方落叶林生物地理省及湖北神农架自然遗产地的位置

5.2 生态系统

湖北神农架自然遗产地地处中国东部平原丘陵向西部高原山地和亚热带向暖温带过渡的过渡区。独特的地理位置和气候特征，孕育了丰富的生物多样性，发育出了多样的生态系统类型。

5.2.1 生境类型

根据 IUCN SSC（Species Survival Commission）全球生境区分类系统，湖北神农架自然遗产地拥有 IUCN/SSC 一级生境类型 6 个，占全球一级生境类型总数的 46%，主要生境类型有森林、灌丛、草地、湿地、裸岩区和洞穴，形成类型多样的生态系统（表 5.2）。

表 5.2 湖北神农架遗产地的 IUCN/SSC 一级生境类型

一级 IUCN/SSC 生境	遗产地	一级 IUCN/SSC 生境	遗产地
1. 森林	√	8. 沙漠	
2. 草原		9. 海洋	
3. 灌丛	√	10. 海岸线/潮间带	
4. 草地	√	11. 人造－陆地	
5. 湿地	√	12. 人造－水域	
6. 裸岩区	√	13. 引入植被	
7. 洞穴	√		

5.2.2 生态系统类型

湖北神农架自然遗产地的重要生态类型有常绿阔叶林生态系统、常绿落叶阔叶混交林生态系统、落叶阔叶林生态系统、针阔混交林生态系统、针叶林生态系统、灌丛生态系统、草地生态系统、湿地生态系统、裸岩石质地生态系统和洞穴生态系统。

(1) 常绿阔叶林生态系统

该类生态系统的乔木主要由壳斗科（Fagaceae）、樟科（Lauraceae）、山茶科（Theaceae）、木兰科（Magnoliaceae）等的常绿树种组成，建群种主要有壳斗科的青冈属（*Cyclobalanopsis*）、锥属（*Castanopsis*），樟科的楠木属（*Phoebe*）、润楠属（*Machilus*）、木姜子属（*Litsea*）和樟属（*Cinnamomum*）等。灌木种类繁多，多为喜阴的常绿灌木，主要有球核荚蒾（*Viburnum propinquum*）、月月青（*Itea ilicifolia*）、红茴香（*Illicium henryi*）、猫儿刺（*Ilex pernyi*）、胡颓子（*Elaeagnus* sp.）、小叶女贞（*Ligustrum quihoui*）、菱叶海桐（*Pittosporum truncatum*）等。草本植物主要有细穗腹水草（*Veronicastrum stenostachyum*）、苔草（*Carex* sp.）、卷柏（*Selaginella* sp.）、淫羊藿（*Epimedium sagittatum*）、革叶耳蕨（*Polystichum neolobatum*）等。气候温暖，年均温为 14~17℃，年降水量为 760~920 mm；土壤富铝化过程明显，但较红壤弱（图 5.2）。

(2) 常绿落叶阔叶混交林生态系统

常绿落叶阔叶混交林生态系统是遗产地最典型的生态系统类型。植物种

▲ 图 5.2 常绿阔叶林生态系统

类复杂，常绿阔叶树种主要为壳斗科的青冈属，樟科的樟属、木姜子属、山胡椒属（*Lindera*），山茶科的山茶属（*Camellia*）、柃木属（*Eurya*）；落叶阔叶树种主要有壳斗科的水青冈属（*Fagus*）、栎属（*Quercus*）、栗属（*Castanea*），樟科的山胡椒属，桦木科的鹅耳枥属（*Carpinus*）、桦木属（*Betula*），胡桃科的化香树属（*Platycarya*），漆树科（*Anacardiaceae*）的黄栌属（*Cotinus*）。灌木主要有毛黄栌（*Cotinus coggygria* var. *pubescens*）、盐肤木（*Rhus chinensis*）、马桑（*Coriaria nepalensis*）、烟管荚蒾（*Viburnum utile*）、铁仔（*Myrsine africana*）。草本植物多以苔草类占优势，常见野棉花（*Anemone hupehensis*）、土麦冬（*Liriope spicata*）、鱼腥草（*Houttuynia cordata*）、鸡腿堇菜（*Viola acuminata*）、黄花油点草（*Tricyrtis macropoda*）、穿龙薯蓣（*Dioscorea nipponica*）、金鸡脚（*Phymatopsis hastata*）等。气候温暖、湿润，年均温为10~15℃，年降水量为900~1500 mm；土壤表层腐殖质含量较高，淋溶作用较强，呈酸性反应（图5.3）。

▲ 图5.3 常绿落叶阔叶混交林生态系统

(3) 落叶阔叶林生态系统

该类生态系统在遗产地分布最广。群落建群种主要是壳斗科的栎属、栗属、水青冈属，桦木科的桦木属、鹅耳枥属，杨柳科的杨属（*Populus*），以及胡桃科的化香树属和胡桃属（*Juglans*）。群落内常残留少量壳斗科、樟科、山茶科、海桐科（Pittosporaceae）、山矾科（Symplocaceae）等的常绿种类。灌木常见有宜昌木姜子（*Litsea ichangensis*）、美丽胡枝子（*Lespedeza thunbergii* subsp. *formosa*）、狭叶胡颓子（*Elaeagnus lanceolata*）、杜鹃（*Rhododendron simsii*）、山胡椒（*Lindera glauca*）、悬钩子（*Rubus* sp.）、川榛（*Corylus heterophylla* var. *sutchuenensis*）等。草本有苔草、千里光（*Senecio* sp.）、显子草（*Phaenosperma globosa*）、蒿（*Artemisia* sp.）、泽兰（*Eupatorium* sp.）、蛇莓（*Duchesnea indica*）、野艾（*Artemisia lavandulaefolia*）、大火草（*Anemone tomentosa*）等。气候温凉，水分充足，年均温为 8~12℃，年降水量为 1450~1830 mm；土壤有机质含量高，呈酸性反应（图 5.4）。

▲ 图 5.4 落叶阔叶林生态系统

(4) 针阔混交林生态系统

遗产地针阔混交林生态系统针叶树种以华山松（*Pinus armandii*）、巴山冷杉（*Abies chensiensis*）、铁杉（*Tsuga chinensis*）、巴山松（*Pinus henryi*）为代表，阔叶树主要为山杨（*Populus davidiana*）、红桦（*Betula albo-sinensis*）、槭类（*Acer* sp.）、落叶栎类（*Quercus* sp.）等。灌木主要有荚蒾属（*Viburnum*）、绣线菊属（*Spiraea*）、拔葜属（*Smilax*）、卫矛属（*Euonymus*）等。草本植物有苔草属、野棉花、沙参（*Adenophora stricta*）、土麦冬等。具有明显的暖温带的气候特点，年均温为 5~10℃，年降水量为 1800~2200 mm；土壤腐殖质和有机质含量高，全氮、全磷含量丰富，呈酸性反应（图 5.5）。

(5) 针叶林生态系统

遗产地针叶林生态系统是以巴山冷杉为建群种的寒温性常绿针叶林生态系统。伴生的乔木树种常见有红桦、糙皮桦（*Betula utilis*）、大叶杨（*Populus wilsonii*）、五裂槭（*Acer oliverianum*）、青榨槭（*Acer davidii*）、湖北花楸（*Sorbus hupehensis*）、鄂椴（*Tilia oliveri*）、山樱桃（*Prunus* sp.）、三桠乌药（*Lindera obtusiloba*）等。林下灌木以黄杨木（*Buxus microphylla* var. *sinica*）、箭竹（*Fargesia spathacea*）或常绿杜鹃（*Rhododendron* sp.）占优势。林内阴暗，光照微弱，草本植物分布丰富，主要为山酢浆草（*Oxalis griffithii*）、多穗石松（*Lycopodium annotinum*）、橐吾（*Ligularia* sp.）、鬼灯檠（*Rodgersia aesculifolia*）、假升麻（*Aruncus sylvester*）等。气候寒冷湿润，夏秋间雾雨连绵，年均温为 1~6℃，年降水量为 2200~2600 mm；土壤受到富里酸强烈淋洗，呈强酸性反应（图 5.6）。

(6) 常绿阔叶灌丛生态系统

遗产地常绿阔叶灌丛生态系统地处亚高山地带，呈零星散状分布，以适应冷湿气候的粉红杜鹃（*Rhododendron hypoglaucum*）灌丛为代表，为巴山冷杉林砍伐或火烧迹地上出现的次生类型。群落外貌低矮，林冠紧凑，呈灰绿色，高 4 m 左右。灌木层均以粉红杜鹃为建群种，多为单优群落，伴生种常见有湖北花楸、华中山楂（*Crataegus wilsonii*）、峨眉蔷薇（*Rosa omeiensis*）、秀雅杜鹃（*Rhododendron concinuum*）。草本植物丰富，主要物种有野古草（*Arundinella* sp.）、老鹳草（*Geranium* sp.）、银叶委陵菜（*Potentilla*

▼ 图 5.5　针阔混交林生态系统

▲ 图5.6 针叶林生态系统

leuconota)、毛叶藜芦（*Veratrum puberulum*）、大蓟（*Cirsium japonicum*）、瓜叶乌头（*Aconitum hemsleyanum*）、野菊（*Chrysanthemum indicum*）等。气候寒冷湿润，年均温为 0~2℃，年降水量为 2550~2680 mm；土壤淋溶作用强烈，酸度大（图 5.7）。

(7) 常绿针叶灌丛生态系统

该类型分布面积不大，主要以香柏（*Sabina squamata* var. *fargesii*）灌丛为代表。群落外貌翠绿，香柏占绝对优势，植株高 0.4~1 m。因地处高寒、多风、日照强烈地区，香柏匍匐丛生，分枝多而密集，团状且随风向倾斜。灌丛中几无其他物种，仅在群落边缘生长有粉红杜鹃、白叶金露梅（*Potentilla fruticosa* var. *albicans*）等。边缘或附近草本种类有三毛草（*Trisetum* sp.）、紫羊茅（*Festuca* rubra）、苔草等。气候和土壤等环境特征与常绿阔叶灌丛生态系统相似（图 5.8）。

神农架 自然遗产的价值及其保护管理

▲ 图 5.7 常绿阔叶灌丛生态系统

◀ 图 5.8 常绿针叶灌丛生态系统

(8) 箭竹灌丛生态系统

遗产地箭竹灌丛生态系统是由巴山冷杉林衰退、采伐或火烧后发展起来的，分布面积较大，为单优群落。外貌低矮，呈现一片翠绿色的林海。草本常见有苔草、野古草、太白韭（*Allium prattii*）、黄花韭（*A. chysanthum*）、堇菜（*Viola* sp.）、七筋姑（*Clintonia udensis*）、毛叶藜芦、酸模（*Rumex acetosa*）、长柄唐松草（*Thalictrum przewalskii*）、多花地杨梅（*Luzula multiflora*）等。气候冷湿、云雾多，冰冻期长，冬季积雪深度可达 1~2 m，年均温为 0~4℃，年降水量为 2350~2650 mm；土层深厚，腐殖质较厚，有机质分解不良（图5.9）。

▲ 图5.9 箭竹灌丛生态系统

(9) 草地生态系统

遗产地草地生态系统分布于山顶平缓处，种类组成比较丰富，群落优势种以禾本科（Gramineae）、莎草科（Cyperaceae）和蕨类植物为主，以糙野青茅（*Deyeuxia scabrescens*）草甸为典型代表。群落外貌鲜绿色，秋季则呈现一片枯黄色的季相。常见伴生种有早熟禾（*Poa annua*）、高山梯牧草（*Phleum alpinum*）、风毛菊（*Saussurea* sp.）、香青（*Anaphalis sinica*）、美观马先蒿（*Pedicularis decora*）、珠芽蓼（*Polygonum viviparum*）、银叶委陵菜、龙胆（*Gentiana scabra*）、獐牙菜（*Swertia bimaculata*）、东方草莓（*Fragaria orientalis*）等。地处高寒地带，气温低，多雾，相对湿度大，年均温为 –1~1℃，年降水量为 2600~2700 mm；土壤腐殖质层厚，有机质含量高，呈强酸性（图 5.10）。

▲ 图 5.10 草地生态系统

(10) 湿地生态系统

神农架为长江和汉水的众多支流的发源地，存在纵横交错的河流湿地生态系统，是珍稀鱼类和两栖类动物如大鲵的理想栖息地。河流两侧的河岸带作为水陆交错带，具有明显的环境异质性（地形、水文、气候、土壤、干扰）、多样的生态过程（竞争、捕食、疾病）和植物群落（组成、结构、功能）梯度，不但维持了较高的生物多样性，更为珍稀、孑遗、特有植物提供了重要的避难所，是珙桐（*Davidia involucrata*）、水青树（*Tetracentron sinense*）、连香树（*Cercidiphyllum japonicum*）、鹅掌楸（*Liriodendron chinense*）等多种珍稀植物的集中分布区（图 5.11）。

▲ 图5.11 湿地生态系统

(11) 裸岩石质地生态系统

遗产地有较大面积的裸岩区，主要为石灰岩裸岩石质地，大多数位于海拔2000 m以上。由于降水丰富，该生态系统发育了丰富的苔藓植物和地衣植物，在石隙中生有少量低矮维管束植物（图5.12）。

(12) 洞穴生态系统

遗产地有较多大小不一的石灰岩溶洞。洞穴内温度较为恒定，变化幅度较小，湿度较高，常大于85%。根据洞穴所接受阳光的强弱，可将洞穴分为洞口带、弱光带和黑暗带。洞口带常栖居小泡巨鼠（*Leopoldamys edwardsi*）、红白鼯鼠（*Petaurista alborufus*）、褐河乌（*Cinclus pallasii*）、蛇类、蜈蚣、马陆、蜗牛等动物；弱光带和黑暗带常栖居菊头蝠（*Rhinolophus* spp.）、绯鼠耳蝠（*Myotis formosus*）、短嘴金丝燕（*Aerodramus brevirostris*）、红点齿蟾（*Oreolalax rhodostigmatus*）的蝌蚪、蜘蛛、盲蛛、蟋蟀等动物（图5.13）。

▲ 图 5.12 裸岩石质地生态系统

◀ 图 5.13 洞穴生态系统

5.2.3 垂直自然带谱

神农架山地可分为6个垂直自然带，由低海拔到高海拔依次为亚热带常绿阔叶林带、北亚热带常绿落叶阔叶混交林带、暖温带落叶阔叶林带、温带针阔混交林带、寒温带针叶林带和亚高山灌丛、草甸带（图5.14）。

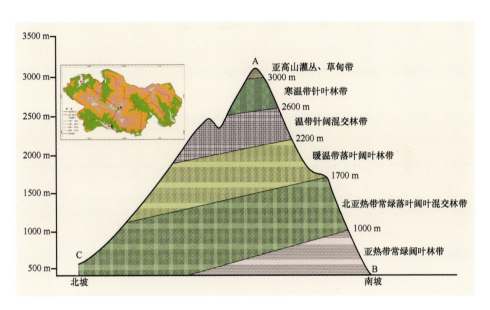

▲ 图5.14 湖北神农架自然遗产地垂直带谱
A. 神农顶，神农架自然遗产地最高点，海拔3106.2 m；B. 下谷坪，神农架自然遗产地南坡最低点，海拔400 m；C. 韩家坪，神农架自然遗产地北坡最低点，海拔600 m

(1) 亚热带常绿阔叶林带

分布于海拔1000 m以下地带。常绿阔叶林是中国亚热带代表性植被，是神农架南坡的基带植被。土壤类型为山地黄褐土。以壳斗科植物为建群种的群落类型主要有青冈（*Cyclobalanopsis glauca*）林、曼青冈（*Cyclobalanopsis oxyodon*）林、小叶青冈（*Cyclobalanopsis myrsinifolia*）林、巴东栎（*Quercus engleriana*）林，其他常绿阔叶群落还有楠木（*Phoebe* sp.）林、小果润楠（*Machilus microcarpa*）林、水丝梨（*Sycopsis sinensis*）林等。在一些干扰较大的区域，常形成以栓皮栎（*Quercus variabilis*）、白栎（*Quercus fabri*）等落叶栎类为主的次生落叶阔叶林。动物常见有猕猴（*Macaca mulatta*）、豪猪（*Hystrix brachyura*）、无斑雨蛙（*Hyla immaculata*）、喜鹊（*Pica pica*）、红嘴蓝鹊（*Urocissa erythrorhyncha*）、麻雀（*Passer montanus*）、黑卷尾（*Dicrurus macrocercus*）、灰卷尾（*Dicrurus leucophaeus*）、家燕（*Hirundo rustica*）、金腰燕（*Hirundo daurica*）、灰头绿啄木鸟（*Picus canus*）等。

(2) 北亚热带常绿落叶阔叶混交林带

分布于海拔 1000~1700 m。常绿落叶阔叶混交林是我国北亚热带典型植被类型，在遗产地分布面积大。土壤类型为山地黄棕壤。群落组成比较复杂，主要类型有米心水青冈（*Fagus engleriana*）- 多脉青冈（*Cyclobalanopsis multinervis*）林、江南山柳（*Clethra cavaleriei*）- 绵柯（*Lithocarpus henryi*）林、珙桐 - 小叶青冈林、漆树（*Toxicodendron vernicifluum*）- 小叶青冈林、曼青冈（*Cyclobalanopsis oxyodon*）- 化香（*Platycarya strobilacea*）林等。动物常见有黑熊（*Ursus thibetanus*）、野猪（*Sus scrofa*）、中华竹鼠（*Rhizomys sinensis*）、社鼠（*Niviventer confucianus*）、中华蟾蜍（*Bufo gargarizans*）、赤腹鹰（*Accipiter soloensis*）、褐冠鹃隼（*Aviceda jerdoni*）、游隼（*Falco peregrinus*）、燕隼（*Falco subbuteo*）、翠金鹃（*Chalcites maculatus*）等。

(3) 暖温带落叶阔叶林带

分布于海拔 1700~2200 m，在遗产地分布较广。土壤类型为山地棕壤。主要群落类型有短柄枹栎（*Quercus serrata* var. *brevipetiolata*）林、茅栗（*Castanea seguinii*）林、锥栗（*Castanopsis* sp.）林、锐齿槲栎（*Quercus aliena* var. *acutiserrata*）林、亮叶桦（*Betula luminifera*）林、糙皮桦（*Betula utilis*）林、红桦（*Betula albo-sinensis*）林、米心水青冈林、台湾水青冈（*Fagus hayatae*）林、山杨（*Populus davidiana*）林、苦枥木（*Fraxinus insularis*）林、化香树林、野核桃（*Juglans cathayensis*）林、领春木林、灯台树（*Cornus controversa*）林、漆树林、青钱柳（*Cyclocarya paliurus*）林等。动物常见有中华斑羚（*Naemorhedus griseus*）、岩松鼠（*Sciurotamias davidianus*）、豹猫（*Prionailurus bengalensis*）、中国林蛙（*Rana chensinensis*）、红腹锦鸡（*Chrysolophus pictus*）等。

(4) 温带针阔混交林带

分布于海拔 2200~2600 m。土壤类型为山地暗棕壤。主要群落类型有巴山冷杉 - 鄂西杜鹃（*Rhododendron praeteritum*）林、巴山冷杉 - 槭树（*Acer* sp.)林、红桦 – 巴山冷杉林、红桦 – 华山松（*Pinus armandii*）林、华山松 – 山杨林、华山松 – 皂柳（*Salix wallichiana*）林、鹅耳枥（*Carpinus* sp.）– 铁杉林等。动物常见有川金丝猴（*Rhinopithecus roxellanae*）、中华鬣羚（*Capricornis milneedwardsii*）、金猫（*Catopuma temminckii*）、金雕（*Aquila chrysaetos*）、松雀鹰（*Accipiter gularis*）、中华虎凤蝶（*Luehdorfia chinensis*）等。

(5) 寒温带针叶林带

主要分布于海拔 2600~3000 m。土壤类型为山地棕色针叶林土。以巴山冷杉林为主，秦岭冷杉（*Abies chensiensis*）在这一地区也有分布，平均树龄在 300 年以上，高度达 25~30 m，呈现出亚高山原始森林的景观。这里是金丝猴、林麝（*Moschus berezovskii*）等兽类的活动区域，常见的鸟类有红翅绿鸠（*Treron sieboldii*）、短嘴金丝燕、星头啄木鸟（*Dendrocopos canicapillus*）、长尾山椒鸟（*Pericrocotus ethologus*）、星鸦（*Nucifraga caryocatactes*）、普通朱雀（*Carpodacus erythrinus*）、灰头灰雀（*Pyrrhula erythaca*）等。

(6) 寒温带亚高山灌丛、草甸带

分布于海拔 3000 m 上下的大神农架、小神农架、神农顶及其附近地区。粉红杜鹃（*Rhododendron hypoglaucum*）灌丛、香柏（*Sabina squamata* var. *fargesii*）灌丛、箭竹灌丛和野古草、印度三毛草（*Trisetum clarkei*）、紫羊茅、糙野青茅草甸镶嵌分布，形成亚高山灌丛、草甸景观。土壤类型为草甸灰棕壤。这里常可看见林麝、中华鬣羚等兽类，鸟类有灰胸竹鸡（*Bambusicola thoracica*）、红腹锦鸡、戴胜（*Upupa epops*）等。

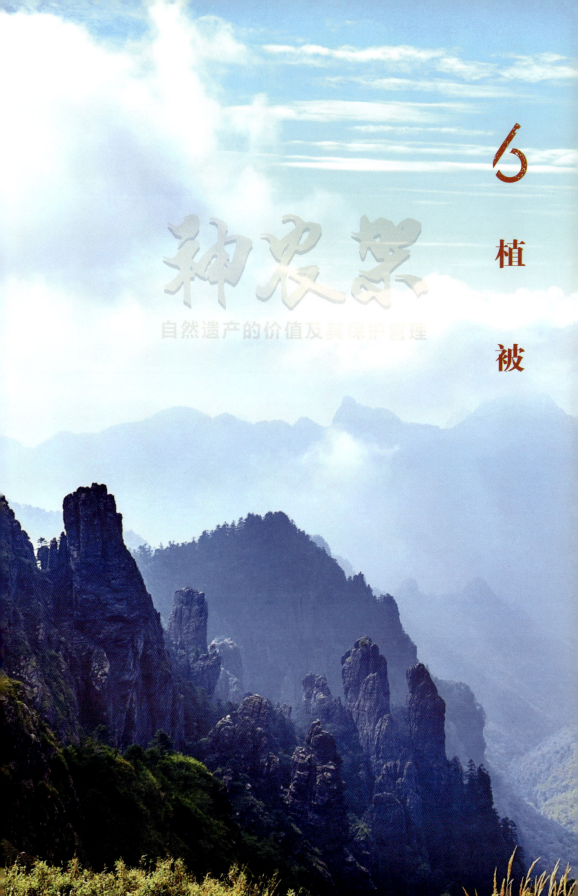

6 植被

6.1 植被类型

根据《中国植被》分类系统，湖北神农架自然遗产地自然植被可划分成 5 个植被型组、11 个植被型、46 个群系（表 6.1，图 6.1~图 6.13）。

表 6.1　湖北神农架自然遗产地植被类型

植被型组	植被型	群系
I 针叶林	1. 亚热带针叶林	马尾松林（Form. *Pinus massoniana*）
		杉木林（Form. *Cunninghamia lanceolata*）
		巴山松林（Form. *Pinus henryi*）
		华山松林（Form. *Pinus armandii*）
	2. 亚热带和热带山地针叶林	秦岭冷杉林（Form. *Abies chensiensis*）
		秦岭冷杉、青扦林（Form. *Abies chensiensis*，*Picea wilsonii*）
		巴山冷杉林（Form. *Abies fargesii*）
II 针叶阔叶混交林	1. 亚热带山地针叶、常绿阔叶、落叶阔叶混交林	华山松、山杨、红桦林（Form. *Pinus armandii*，*Populus davidiana*，*Betula albo-sinensis*）
		华山松、山杨林（Form. *Pinus armandii*，*Populus davidiana*）
		华山松、锐齿槲栎林（Form. *Pinus armandii*，*Quercus aliena* var. *acutiserrata*）
		华山松、糙皮桦林（Form. *Pinus armandii*，*Betula utilis*）
		马尾松、栓皮栎林（Form. *Pinus massoniana*，*Quercus variabilis*）
		巴山冷杉、红桦、槭类林（Form. *Abies fargesii*，*Betula albo-sinensis*，*Acer* sp.）
III 阔叶林	1. 亚热带常绿阔叶林	以楠木、小叶青冈为主的常绿阔叶林（Form. *Phoebe zhennan*，*Cyclobalanopsis myrsinifolia*）
		曼青冈、水丝梨、巴东栎、青冈林（Form. *Cyclobalanopsis oxyodon*，*Sycopsis sinensis*，*Quercus engleriana*，*Cyclobalanopsis glauca*）
		刺叶栎林（Form. *Quercus spinosa*）
	2. 亚热带常绿落叶阔叶混交林	香叶树、小叶青冈、化香树、亮叶桦林（Form. *Lindera communis*，*Cyclobalanopsis myrsinifolia*，*Platycarya strobilacea*，*Betula luminifera*）
		巴东栎、曼青冈、亮叶桦、化香树林（Form. *Quercus engleriana*，*Cyclobalanopsis oxyodon*，*Betula luminifera*，*Platycarya strobilacea*）
		乌冈栎、岩栎、鹅耳枥、化香树林（Form. *Quercus phillyraeoides*，*Q. acrodonta*，*Carpinus* sp.，*Platycarya strobilacea*）
	3. 亚热带落叶阔叶林	短柄枹林（Form. *Quercus serrata* var. *brevipetiolata*）
		栓皮栎林（Form. *Quercus variabilis*）
		栓皮栎、锐齿槲栎、茅栗林（Form. *Quercus variabilis*，*Q. aliena* var. *acutiserrata*，*Castanea seguinii*）

6 植被

续表

植被型组	植被型	群系
III 阔叶林	3. 亚热带落叶阔叶林	锐齿槲栎林（Form. *Quercus aliena* var. *acutiserrata*）
		米心水青冈林（Form. *Fagus engleriana*）
		锐齿槲栎、米心水青冈、红桦林（Form. *Quercus aliena* var. *acutiserrata*，*Fagus engleriana*，*Betula albo-sinensis*）
		亮叶桦、化香树、鹅耳枥林（Form. *Betula luminifera*，*Platycarya strobilacea*，*Carpinus* sp.）
		野漆树、锐齿槲栎、灯台树、化香树林（Form. *Rhus verniciflua*，*Quercus aliena* var. *acutiserrata*，*Cornus controversa*，*Platycarya strobilacea*）
		野核桃林（Form. *Juglans cathayensis*）
		茅栗林（Form. *Castanea seguinii*）
		红桦林（Form. *Betula albo-sinensis*）
IV 灌丛	1. 亚热带、热带常绿阔叶、落叶阔叶灌丛	马桑、毛黄栌灌丛（Form. *Coriaria nepalensis*，*Cotinus coggygria* var. *pubescens*）
		美丽胡枝子、绿叶胡枝子灌丛（Form. *Lespedeza thunbergii* subsp. *formosa*，*L. buergeri*）
		尖齿高山栎灌丛（Form. *Quercus acrodonta*）
		中国黄花柳、华中山楂、湖北花楸灌丛（Form. *Salix sinica*，*Crataegus wilsonii*，*Sorbus hupehensis*）
		川榛、鸡树条荚蒾、湖北海棠灌丛（Form. *Corylus heterophylla* var. *sutchuenensis*，*Viburnum opulus* var. *calvescens*，*Malus hupehensis*）
		蜡梅灌丛（Form. *Chimonanthus praecox*）
		直穗小檗灌丛（Form. *Berberis dasystachya*）
		箭竹灌丛（Form. *Sinarundinaria nitida*）
	2. 亚高山硬叶常绿阔叶灌丛	粉红杜鹃灌丛（Form. *Rhododendron hypoglaucum*）
	3. 亚高山常绿针叶灌丛	香柏灌丛（Form. *Sabina squamata* var. *fargesii*）
	4. 亚高山落叶阔叶灌丛	平枝荀子灌丛（Form. *Cotoneaster horizontalis*）
		杯腺柳灌丛（Form. *Salix cupularis*）
V 草甸	1. 温带禾草、杂类草草甸	芒、蕨草丛（Form. *Miscanthus sinensis*，*Pteridium aquilinum* var. *latiusculum*）
		印度三毛草、紫羊茅、糙野青茅草甸（Form. *Trisetum clarkei*，*Festuca rubra*，*Deyeuxia scabrescens*）
		苔草、地榆、香青、血见愁老鹳草草甸（Form. *Carex* sp.，*Sanguisorba officinalis* var. *longifolia*，*Anaphalis sinica*，*Geranium henryi*）
		苔草、葱状灯心草、长叶地榆、柳兰沼泽化草甸（Form. *Carex* sp.，*Juncus allioides*，*Sanguisorba officinalis* var. *longifolia*，*Chamaenerion angustifolium*）

▲ 图6.1 巴东栎、曼青冈、亮叶桦、化香树林

▲ 图6.2 短柄枹栎林

6 植　被

◀ 图 6.3　锐齿槲栎林

▲ 图 6.4　栓皮栎林

▲ 图6.5　香叶树、小叶青冈、化香树、亮叶桦林

▲ 图6.6　野漆树、锐齿槲栎、灯台树、化香树林

6 植　被

▲ 图6.7　亮叶桦、化香树、鹅耳枥林

▲ 图6.8　米心水青冈林

▲ 图6.9 曼青冈、水丝梨、青冈林

▲ 图6.10 茅栗林

6 植　被

▲ 图 6.11　粉红杜鹃灌丛

▲ 图 6.12　箭竹灌丛

▲ 图 6.13 印度三毛草、紫羊茅、糙野青茅草甸

6.2 植被分布

  湖北神农架自然遗产地地处内陆，山体基本为东西走向。因此，以水分为主导因子的植被的经向变化在神农架没有明显的表现。但东西向的山脉可以抵挡北下的寒流，也可以阻挡东南季风带来的湿热气团的北移，使得神农架南北坡表现出了一定的差异。南坡由于水热条件优于北坡，在低海拔的地段有常绿阔叶林的存在，并形成地带性的常绿阔叶林带；北坡仅在水热条件比较好的沟谷地段有青冈等常绿树种的分布，或者只能形成小块的常绿阔叶林，其基带植被为常绿落叶阔叶混交林。

  遗产地植被的垂直分化比较显著，但由于地形地貌、土壤条件等错综复杂，各垂直带之间存在一定的交错和过渡。其中神农架南坡山势陡峭，垂直带谱比较清楚，北坡山势较缓，地形相对开阔，垂直带谱不如南坡明显（图 6.14）。

  遗产地现有植被中，山地灌丛及亚高山灌丛占 11.5%，草甸占 5.0%，针叶林占 11.9%，针阔混交林占 29.6%，阔叶林占 42.0%。其中，遗产地保存有较为完好的原始林面积为 17 365 hm^2，占遗产地总面积的 23.7%（图 6.15）。

6 植被

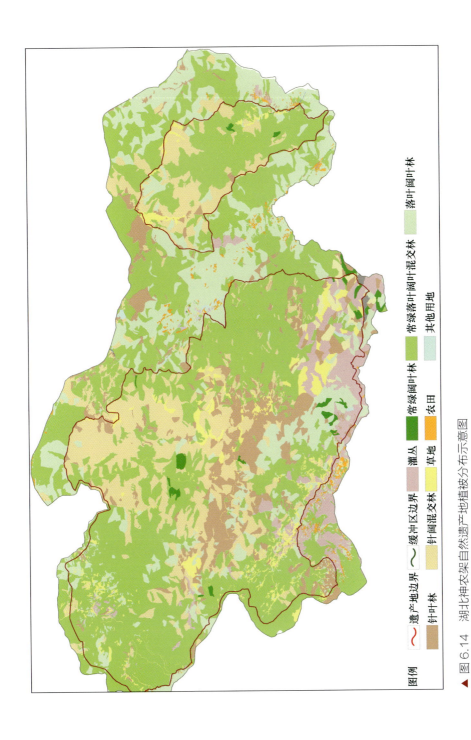

▲ 图6.14 湖北神农架自然遗产地植被分布示意图

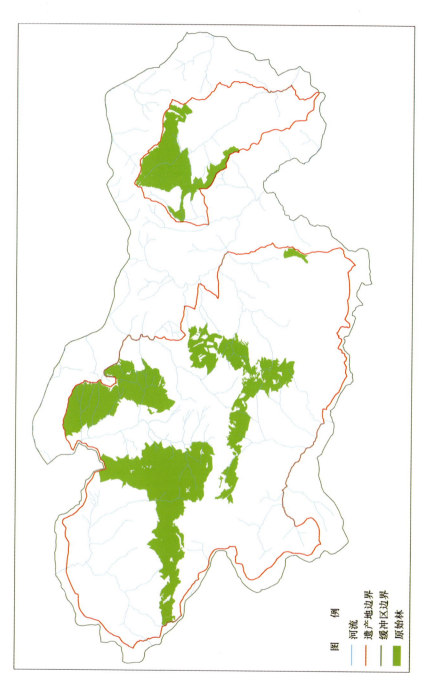

▲ 图6.15 湖北神农架自然遗产地原始林分布示意图

7 全球突出普遍价值

神农架
自然遗产的价值及其保护管理

世界自然遗产地是一定面积的具有一种或多种特定自然价值的特殊区域，是全球最具有保护价值的自然保护地（Primack 和马克平，2010），其强调全球突出普遍价值的完整性及其在全球的唯一性（宋峰等，2009；Xu et al.，2012）。某一保护地是否具有全球突出普遍价值，是遗产地能否列入《世界遗产名录》最核心的判定标准。《实施保护世界文化与自然遗产公约的操作指南》从美学、地质、生物生态学过程及生物多样性四个方面定义了4条与自然遗产相关的标准。依据这些标准，截至2016年9月，全球共有238处保护地（其中包括35处自然和文化双遗产地）被列入《世界遗产名录》，我国有15处自然保护地被列入《世界遗产名录》（其中4处为世界自然和文化双遗产地）（马克平，2016）。

神农架自然遗产地以其丰富的动植物多样性和独特的生物生态过程，维持着秦巴山地和北亚热带山地生态系统的功能和稳定性。依据《实施保护世界文化与自然遗产公约的操作指南》（UNESCO World Heritage Centre，2015），神农架自然遗产地在动植物多样性及其栖息地、生物群落及其生物生态学过程等方面具有全球突出普遍价值。

湖北神农架自然遗产地面积为 73 318 hm^2（缓冲区面积为 41 536 hm^2），其中 67 087 hm^2 位于湖北神农架国家级自然保护区，6231 hm^2 位于湖北巴东金丝猴国家级自然保护区。遗产地位于中国地势第二阶梯的东部边缘，是长江和汉水的分水岭，主峰神农顶海拔 3106.2 m。受亚热带环流控制，南北冷暖气团在此交汇，这里成为亚热带与暖温带的过渡。遗产地自下而上发育有常绿阔叶林、常绿落叶阔叶混交林、落叶阔叶林、针阔混交林、针叶林、亚高山灌丛和草甸6个植被带；有高等植物3767种，其中1793种为中国特有植物，874种为落叶木本植物，110种列入 IUCN 物种红色名录，94种列入 CITES 目录；有脊椎动物629种，包括哺乳动物87种，鸟类399种，鱼类53种，两栖爬行类90种；金丝猴是遗产地重要的灵长类动物，共有1550只。

独特的地理环境，使神农架在生态系统类型与生物演化、生物多样性与栖息地等方面明显有别于世界上其他山岳，满足自然遗产标准（x）和（ix），成为全球同纬度山地生态系统的杰出代表。遗产地是神农架生物多样性分布最集中区域，包含了神农架全部的生态系统类型，综合反映了神农架的生物演化特征和生态变化过程。遗产地拥有北亚热带典型的山地垂直自然带谱，是全球常绿落叶阔叶混交林生态系统的最典型代表，成为研究全球气候变化下北亚热带山地生态过程的杰出范例。遗产地是温带植物区系分化、发展和集散的重要地区，拥有被子植物系统中各纲或各进化阶段大部分的类群代表，拥有较多的单型科或属，突出反映了北亚热带生物群落的生物进化与演替的进程；拥有的落叶木本植物在东方落叶林生物地理省具有突出的区域代表性，是世界上落叶木本植物最丰富的地区。遗产地蕴含了极为丰富的生物多样性，又是众多古老孑遗物种的避难所，孕育有全球最大的两栖动物大鲵，是中国特有珍稀濒危动物川金丝猴湖北亚种的全球现存分布地，是国际珍稀濒危物种和中国特有种的重要栖息地。

7.1 生物多样性价值

根据《实施保护世界文化与自然遗产公约的操作指南》所定义的世界遗产标准，湖北神农架满足标准（x），即"生物多样性就地保护的最重要和突出的自然栖息地，包括从科学或保护角度具有突出普遍价值的濒危物种"。

优越的气候条件、独特的地理地貌特征和极少的人类活动干扰，使得湖北神农架自然遗产地蕴含着地球同纬度最丰富的生物多样性，是北半球同纬度生物多样性保护不可或缺的栖息地。遗产地共有野生高等植物268科1206属3767种，野生脊椎动物33目122科354属629种，野生昆虫26目297科2227属4365种。遗产地以不到0.01%的面积拥有维管束植物3509种，占中国维管束植物总种数的12.5%，是名副其实的"物种宝库"。

遗产地是世界上落叶木本植物最丰富的地区，有落叶木本植物874种，占其木本植物总数1284种的68%，在物种组成上是东方落叶林生物地理省的最典型代表。

遗产地被称为中国冰川时代的"诺亚方舟"，是第四纪冰川时期动植物的重要避难所，保存了丰富完整的古老孑遗物种。维管束植物有65.9%的科和55.7%的属起源于第三纪之前，充分反映了该植物区系的古老性。化石证据和间断分布式样表明，遗产地的古老植物种中富含孑遗成分。

遗产地还是众多珍稀濒危、特有物种的重要栖息地。其中，IUCN物种红色名录（2014）收录110种维管束植物，48种动物。这些濒危动植物包括了被著名博物学家威尔逊誉为"中国森林中最美丽动人的树"的香果树，世界最大且极度濒危的两栖动物大鲵，中国特有濒危动物川金丝猴，中国特有单种属植物伞花木（*Eurycorymbus cavaleriei*），以及水青树、小勾儿茶（*Berchemiella wilsonii*）、崖白菜等。遗产地无论是地方特有种（维管束植物205种）、中国特有种（维管束植物1793种），还是模式植物（523种）的数量，都远高于同一生物地理省的其他自然遗产地，具有突出普遍价值。

遗产地拥有显著的生物多样性，包含有众多古老孑遗和特有物种，为生物系统学提供了重要的研究对象，是生物系统学研究的科学圣地：①大量的古老孑遗植物对研究高等植物的起源和早期演化，以及中国植物区系的发生、演化和地理变迁具有重要的科研价值，是生物漫长进化链上不可或缺的一环，如遗产地分布的金粟兰科（Chloranthaceae）、木通科（Lardizabalaceae）、金鱼藻科（Ceratophyllaceae）、清风藤科（Sabiaceae）、金缕梅科（Hamamelidaceae）、水青树科（Tetracentraceae）等古老科均为被子植物的基部类群，是研究被子植物起源和早期演化的重要研究对象，特别是遗产地分布的某些古老科、属和种为中国特有，有的属和种甚至主要起源于我国的川东、鄂西地区，遗产地是其起源中心；②由于喜马拉雅造山运动的年轻性，以及第四纪冰川的影响有限，遗产地许多新生类型不断出现，而演化过程中的中间类型得以保留，从新生类型上分析，遗产地不乏新特有尤其是处在演化高级阶段的类型，如苦苣苔科（Gesneriaceae）、菊科（Asteraceae）、唇形科（Labiatae），某些科、属是植物演化过程中必不可少的进化纽带，如木通科为连接木兰亚纲和毛茛亚纲的进化纽带，星叶草属对毛茛目系统发育、白辛树属对野茉莉科系统发育都具有非常重要的科学研究价值和意义。

可见，湖北神农架自然遗产地拥有显著的生物多样性，是全球落叶木本植物最丰富的地区，为北亚热带古老孑遗、珍稀濒危和特有物种的最关键栖息地，具有突出普遍的保护与科学价值。遗产地地处秦巴山地，地形复杂，未像欧洲、北美大陆遭受第四纪冰川入侵；同时，青藏高原的隆起，使这里形成了全球同纬度温暖湿润的北亚热带季风气候，成为欧亚大陆同纬度第三纪动植物的避难所。遗产地拥有被子植物系统中各纲或各进化阶段大部分的类群代表，构成了较完整的被子植物进化系列。遗产地以不到0.01%的面积保护了中国12.5%的维管束植物，使其成为北半球同纬度亚热带的一颗绿色明珠，并成为北半球同纬度带物种最为丰富的生境区域，为亚热带代表性珍稀濒危和特有物种的最关键栖息地，是东方落叶林生物地理省生物与生态学研究的杰出范例。

7.1.1　全球落叶木本植物最丰富的地区

根据著名植物学家应俊生教授的研究，遗产地是世界上落叶木本植物最丰富的地区（应俊生和陈梦玲，2001）。该地有落叶木本植物77科245属874种，分别占该地区野生种子植物总科数的44.5%、总属数的24.8%和总种数的25.4%。

全球落叶木本植物主要分布在欧洲、北美东部及亚洲的中国和日本。北美的温带落叶林物种数多于欧洲（http：//www.encyclopedia.com/topic/Deciduous_forests.aspx），其中大雾山国家公园被认为是北美落叶木本植物种类最多的地区（樊大勇等，2017）。据IUCN世界遗产中心评估报告，大雾山的温带落叶林具有世界意义，拥有全球温带森林中最丰富的落叶树种。大雾山拥有约200种落叶乔灌木（http：//www.nps.gov/grsm/naturescience/plants.htm），远低于湖北神农架自然遗产地的落叶木本植物的874种。

日本的温带落叶林主要分布于日本中部（http：//en.wikipedia.org/wiki/Wildlife_of_Japan），其中Ogawa森林保护区（北纬37°）是日本最有代表性也是日本温带落叶树种最多的地区，被誉为全球温带落叶木本最丰富的地区之一（樊大勇等，2017）。然而，Ogawa森林保护区拥有落叶木本植物不足200种，远低于湖北神农架自然遗产地的落叶木本植物种数。

因此，遗产地应是世界上落叶木本植物最丰富的地区。

7.1.2　保存有丰富完整的古老孑遗物种

植物和孢粉化石证据表明，从古生代的晚泥盆纪开始，遗产地已经出现古老和原始的植物类群，如石松、苏铁、木贼科的蕨类植物，这些低等的蕨类植物至今仍存在。经过了漫长的地质和气候变迁，第三纪前（6500万年前）遗产地植物区系基本形成。在早第三纪印度板块向北俯冲，青藏高原快速隆起，本应为同纬度荒漠带干燥炎热的气候逐渐凉爽湿润，大量物种在此地分化、繁衍和适应。加上地形地貌的复杂性，第四纪冰川未像在欧洲和美洲那样造成大面积的物种灭绝，导致遗产地保存了丰富而完整的古老孑遗物种，证据如下。

（1）现代分子系统谱系分析表明，遗产地现有的维管束植物中有139科

597 属，起源于第三纪之前，分别占遗产地维管束植物总科、属的 65.9% 和 55.7%，充分表明了遗产地植物区系的古老性。目前的区系成分基本是第三纪区系的后裔，并通过多条路径向不同方向扩散（应俊生等，1979）。

（2）从科古老性上进一步分析，现代中国大陆上最具古老性和特有性的四大科 [银杏科（Ginkgoaceae）、芒苞草科（Acanthochlamydaceae）、珙桐科（Nyssaceae）和杜仲科（Eucommiaceae）] 中，遗产地有其中的 3 科。遗产地还富含被子植物（"真双子叶类"Eudicots）中最原始的科如木通科、金缕梅科等的物种（图 7.1）。事实上中国植物区系中单型科（仅含 1 属 1 种）共有 26 个，遗产地有 11 个 (42.3%)，这些单型科反映的是科的古老性（图 7.2，图 7.3）。

（3）从属的古老性上再进一步分析，遗产地的中国特有属有 55 属，占中国特有属总数（245 属）的 22.4%，而绝大部分（>95%）的中国特有属为单型属或者寡型属，被认为是古老孑遗的特征（吴征镒，2011）（图 7.4）。同北美相比，东亚尤其是华中植物区系的中国特有属在裸子植物和被子植物系统基部类群有更高的多样性（Qian，2001），反映了华中植物区系的古老性和完整性。遗产地种子植物中中国特有种占华中植物区系该类的比例高达 40.7%（祁承经，1998），是华中植物区系特有种的集中分布地。

▲ 图 7.1　中华蚊母树 (*Distylium chinense*)

▲ 图 7.2　大果青杄 (*Picea neoveitchii*)

▲ 图 7.3　光叶珙桐 (*Davidia involucrata* var. *vilmoriniana*)

◀ 图 7.4 白芨 (*Bletilla striata*)

(4) 遗产地许多科、属动植物呈间断分布式样,这也表明了遗产地生物的古老性。例如,已有木本植物统计结果表明中国属于东亚 - 北美间断分布的共计 34 科 49 属,而遗产地就有 26 科(占 76.5%)34 属(占 69.4%),充分说明了遗产地为该分布类型的集中分布地及该区植被的古老性。遗产地的巫山北鲵、中国小鲵和世界最大的两栖动物大鲵均呈种间断裂分布,揭示了喜马拉雅造山运动、青藏高原抬升及第四纪冰川等地质与气候的重大变迁对这些科属动物分布的影响,充分说明了其孑遗分布的特征(费梁等,2006)。

(5) 植物和孢粉化石证据表明,遗产地的古老植物在进化历史上具连续性和完整性。例如,古生代的石松属、卷柏属,中生代前期的紫萁属、芒萁属,侏罗纪的海金沙属、松属、胡桃属、榆属等,白垩纪的红豆杉属、水青冈属、木兰属,第三纪的冷杉属、青钱柳属、柳属、鹅掌楸属、檫木属的植物和孢粉化石均在此地发现。

综上所述,遗产地丰富完整的古老孑遗物种,加上丰富的植物和孢粉化石,忠实记录了华中植物区系在过去 3.5 亿年的生态和进化过程,大陆漂移、地质运动和气候变迁使得此地物种分化、灭绝、繁衍、适应和避难,堪称第四纪冰川时期的一叶"方舟"。

7.1.3 北亚热带珍稀濒危、特有物种最关键的栖息地

多项研究表明，湖北神农架自然遗产地位于东亚亚热带植物区系中华中区系成分的核心分布地段，是中国珍稀濒危、特有物种的聚集中心，是生物多样性优先保护区域。

中国列入 IUCN 保护名录的珍稀濒危植物聚集分布地有 8 处，遗产地位于其中的鄂西和湘北山地区（Zhang and Ma，2008），是北亚热带典型珍稀濒危物种的关键栖息地。遗产地有各类珍稀濒危植物 234 种，隶属 137 属 58 科，占遗产地物种总数的 6.3%。其中 IUCN 物种红色名录（2014）收录的 110 种隶属于 47 科 83 属，易危（VU）70 种，濒危（EN）33 种，极危（CR）7 种；CITES（2014）收录 94 种；《中国重点保护野生植物名录》收录 167 种 28 科 84 属，分别占中国总数的 8.6%、7.1% 和 8.1%（图 7.4，图 7.5）。事实上，就植物而言，遗产地 IUCN 物种红色名录收录的物种数和保护级别均显著高于北亚热带的其他区域。

遗产地有各类珍稀濒危野生动物 130 种，其中 IUCN 物种红色名录（2016）收录 30 种，《濒危野生动植物种国际贸易公约》（CITES）（2014）附录 I 收录 13 种、附录 II 收录 60 种，拥有世界最大且极度濒危的两栖动物大鲵、

▲ 图 7.5 亮叶月季 (*Rosa lucidissima*)

亚热带的典型代表动物金丝猴、鬣羚等一批珍稀濒危物种。

遗产地是中国 3 个特有种分布中心之一（应俊生和陈梦玲，2001）。遗产地有神农架特有植物 205 种，隶属于 58 科 131 属，分别占遗产地维管束植物总科、属和种数的 27.5%、12.2%、6.1%。遗产地共有神农架特有昆虫 200 余种。近期发现并发表的 2 个植物新属：征镒麻属和匍茎芹属，以及一个昆虫新属——神农蟊属，不仅增加了中国特有属的数量，而且填补了遗产地特有现象突出、特有种属丰富却缺乏遗产地本地特有属的空白，同时在另一个侧面反映了遗产地环境条件特殊，不仅有利于动植物生存与繁衍，而且能促进动植物的分化与进化进程。

遗产地有中国特有植物 1793 种，隶属于 136 科 577 属；中国特有脊椎动物 91 种，其中遗产地是川金丝猴是湖北亚种的全球现存分布地。尤其是分布在神农架的 55 个中国特有属，占全国 245 个中国特有属的 22.4%，如此高的比例在全中国都是绝无仅有的，其中不乏为亚热带的旗舰或代表物种。

7.1.4　植物系统学、园艺科学与生物生态学的科学圣地

（1）拥有丰富的生物种类和特殊的动植物类群，吸引了世界各地学者前来考察研究，对植物系统学的发展有里程碑意义。

神农架腹地为众多植物的模式标本产地，采集的标本为研究植物区系与演化全球同类物种的标准。1884~1889 年，威尔逊在神农架及周边地区收获了超过 500 个新种、25 个新属和一个新科。依此为素材，著书《中国经济植物笔记》(*Notes on Economic Botany of China*)（图 7.6）。

采集神农架植物标本后，威尔逊等编写了《威尔逊植物志》(*Plantae Wilsonianae*)，记载 1907 年、1908 年、1910 年其收集到的中国中西部的木本植物，近 3000 种（图 7.7）。此书至今仍为研究中国木本植物及湖北、四川植被的重要参考书。

这些研究专著是当时世界了解中国植物区系的窗口，在植物学界引起了巨大反响，激发了近代中外学者对包括神农架在内的中国植物区系的研究。例如，哈佛大学的沙坚德著述《东亚和北美东部木本植物比较》(*A Comparison of Eastern Asiatic and Eastern North American Woody Plants*)（1913），对东亚北纬 22.3°以北包括神农架地区与美国得克萨斯州格兰河以北地区的木本植物进行了比较；宾夕法尼亚大学的李惠林研究了东亚和北

7 全球突出普遍价值

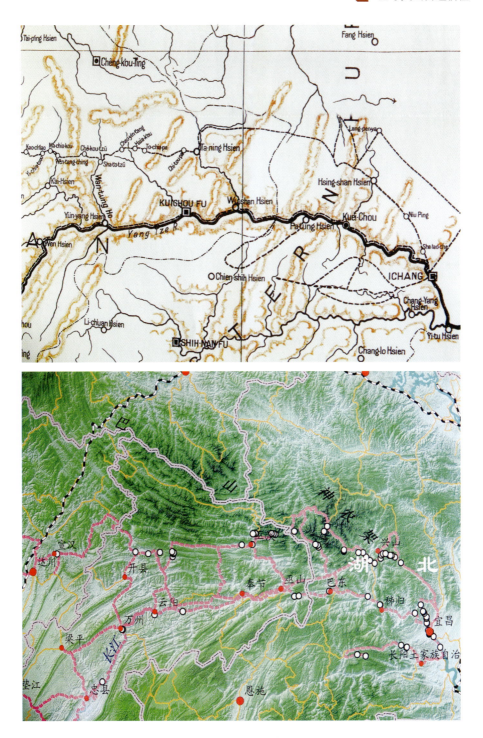

▲ 图 7.6 威尔逊神农架考察路线 (1899~1911 年)

091

 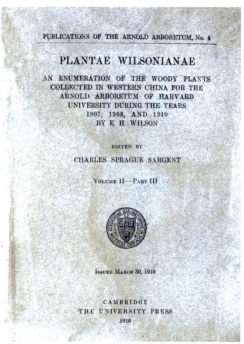

▲ 图 7.7 《威尔逊植物志》(Plantae Wilsonianae)

美东部植物区系关系（Floristic Relationships between Eastern Asia and Eastern North American）(1971)，研究范围涉及华中神农架地区，在植物区系学研究上有重要意义。

目前，神农架自然遗产地共发现模式维管束植物 523 种，占遗产地维管束植物种类总数 15.3%。事实上在中国平均每 25 份模式植物标本就有一份来自遗产地。遗产地共发现模式动物 317 种，占遗产地动物种类总数的 6.35%。近代的中外学者通过对神农架植物区系的全面研究，发现神农架植物特化比例很高，是中国特有植物属的一个分化中心。基于此原因，《中国的生物多样性》（陈灵芝，1993）一书认为遗产地是"具有世界意义的陆地生物多样性关键地区"（湘黔川鄂边界山地地区）和"重要的模式标本产地"。

(2) 为美化世界人居环境、推动园艺科学的发展做出了卓越的贡献。

19 世纪下半叶法国传教士谭微道和英国的亨利在我国湖北神农架附近收集的植物标本，使全世界认识到湖北西部神农架高山峡谷中蕴藏着大量奇丽的花木资源。以威尔逊为代表的博物学家在 19 世纪末到 20 世纪初，将大量的神农架植物引种到世界各地栽培，并著有《中国——园林之母》，成为国际园林科学先驱者，推动了园艺科学的发展。

神农架的植物吸引了国内外植物学家、园艺学家的关注，众多物种被引种到欧美各地。仅1980年，美国植物学会利用中美合作考察湖北神农架的机会，就收集保存了402种植物的种质资源。22年的跟踪研究发现，有187个物种(46.5%)以植株形式生长在全球18个植物研究机构，包括丹麦、瑞士、英国、加拿大、美国5个国家，在国际上被广泛关注。遗产地为美化世界人居环境、推动园艺科学的发展做出了杰出贡献。同时，利用悠久的引种历史，针对原生地与引种地开展引种驯化、基因改良、不同环境条件下物种变异的对比研究，具有极其突出的现实意义，凸显了对该区的原生境保护具有全球性的普遍价值。

(3) 遗产地具有丰富多样的旗舰与代表物种和典型的森林生态系统，成为近现代亚热带生物生态学研究的热点区域。

20世纪中期以来，中国科学家与国际同行先后对湖北神农架地质、地貌、植物、动物、气候等开展了系统研究，并在遗产地建立了多个生物生态长期定位观测研究站，发表了相关研究论著达620多篇、部。针对珍稀濒危物种的保护，国家林业局在遗产地成立了中国首个金丝猴研究基地，从宏观的种群与行为生态学到微观的分子遗传学对这一特有濒危物种开展了长期系统深入的监测与研究。为了对世界上现存最大的也是最珍贵的两栖动物大鲵实施有效保护与促进其繁衍生息，遗产地建立了中国首个大鲵繁殖保护研究基地，对大鲵的繁殖生物学开展了系统研究。

从古老的神农炎帝到西方重量级的博物学家威尔逊，再到近现代众多的生物学家，备受关注的湖北神农架自然遗产地的普遍价值已得到认可。今天，独具突出普遍价值的遗产地，仍在续写着生与死的生物繁衍与进化历程，无疑是东方落叶林省生物与生态学开展研究的理想之地。

7.2 生物生态学价值

根据《实施保护世界文化与自然遗产公约的操作指南》所定义的世界遗产标准，湖北神农架满足标准(ix)，是"代表陆地、淡水、海岸和海洋生态系统以及动植物群落正在进行的、重要的生态和生物演化过程的杰出范例"。

湖北神农架自然遗产地是北半球常绿落叶阔叶混交林生态系统的最典型代表。全新世以来，遗产地以其地处中国东部平原丘陵向西部高原山地过渡区的地理区位和亚热带向暖温带过渡的北亚热带季风气候，较之世界其他区域，更好地保存了欧亚大陆最典型的原始常绿落叶阔叶混交林生态系统，并展示了北亚热带季风气候区山地的地貌和生物生态过程，在全球山地生态系统类型中独具特色，成为北亚热带季风气候区山地生态系统的最典型代表。

遗产地山体高大，是亚洲最长河流长江与其最大支流汉江的分水岭，拥有众多河流，成为华中地区的巨大水塔，维系着北亚热带山地生态系统。遗产地拥有 IUCN/SSC 一级生境类型 6 个，包括森林、灌丛、草地、湿地、裸岩区、洞穴，二级生境类型 22 个。遗产地拥有 11 个植被型、46 个群系。

遗产地突出反映了北亚热带季风气候区植被随地貌和气候变化发生的演变过程。遗产地拥有东方落叶林生物地理省最完整的垂直带谱，是研究全球气候变化下常绿落叶阔叶混交林生态系统及山地生态系统生态过程和垂直分异规律的杰出范例。遗产地从海拔 400 m 至 3106.2m，垂直高差达 2706.2 m，自下而上发育了常绿阔叶林、常绿落叶阔叶混交林、落叶阔叶林、针阔混交林、针叶林及亚高山灌丛、草甸，完整展现出亚热带、暖温带、温带和寒温带的生态系统特征。

遗产地是全球温带植物属最集中的地区，是温带植物区系分化、发展和集散的重要地区，其地带性植被的演变是东方落叶林生物地理省生物演化的杰出代表。遗产地集中分布了大量古老特有属及原始类群，为第三纪植物区系的"避难所"，突出代表了东方落叶林生物地理省的生物演变和进化的过程。

7.2.1 北半球常绿落叶阔叶混交林生态系统的最典型代表

青藏高原的隆起，使受副热带高压控制的东亚亚热带形成了全球独一无二的东亚季风型（夏季湿润、冬季干冷）亚热带常绿阔叶林，其既不同于地中海型耐旱热的硬叶常绿林，又不同于北半球同纬度的亚热带、热带荒漠植被。常绿落叶阔叶混交林是北亚热带的地带性代表类型，是暖温带落叶阔叶林向中亚热带常绿阔叶林过渡的类型，由常绿和落叶两类阔叶树种混合而成，主要建群种以壳斗科树种为主，其中落叶的主要为栎属（*Quercus*）和水青冈属（*Fagus*）等，常绿的则以青冈属（*Cyclobalanopsis*）、栲属（*Castanopsis*）和石栎属（*Lithocarpus*）等为主。

遗产地地处中国秦巴山地，位于全球200个生态区中的"中国西南温带森林生态区"中的"大巴山山地常绿林生态区"，以其生态系统的独特性和完好的原始状态，成为大巴山山地常绿林生态区的典型代表；地带性植被类型为常绿落叶阔叶混交林，主要建群树种为壳斗科的青冈属，樟科的樟属、木姜子属等常绿树种和壳斗科的水青冈属和栎属等落叶阔叶树种。较之东亚亚热带其他区域，为北半球保存最为完好的常绿落叶阔叶混交林，典型代表并展示了常绿落叶阔叶混交林生态系统的生物生态学过程，成为连接暖温带落叶阔叶林和亚热带常绿阔叶林不可或缺的桥梁和纽带，使中国东部保存了从寒温带针叶林到热带雨林季雨林地球上最完整的森林地带系列，成为北半球常绿落叶阔叶混交林生态系统的最典型代表。

7.2.2　拥有东方落叶林生物地理省最完整的垂直带谱

遗产地既未遭受第四纪山地冰川的全面覆盖，又免于蒙古-西伯利亚大陆反气旋与寒流的严重侵袭，却受到西南与东南季风的浸润和从热带、亚热带及暖温带山地迁徙而来植物成分的补充，从而发育着特别丰富的植物区系，形成了从低海拔到高海拔完整的山地植被垂直带系统，自下而上依次发育为常绿阔叶林、常绿落叶阔叶混交林、落叶阔叶林、针阔混交林、针叶林及亚高山灌丛、草甸。遗产地对中国-喜马拉雅植物区系和中国-日本植物区系间群落的迁移、交流、混杂和演化具有极为重要的桥梁作用，在较小的水平距离范围内浓缩了亚热带、暖温带、温带和寒温带的生态系统特征，成为研究全球气候变化下山地生态系统垂直分异规律及其生物生态过程的理想之地，在东方落叶林生物地理省具有唯一性和代表性（Udvardy1975）。

7.2.3　世界温带植物区系的集中发源地

（1）是世界温带植物区系的集中发源地，为全球温带分布属最集中的区域，在全球范围内具有唯一性。

据统计，中国温带分布属约有78科931属，是世界上温带成分最为集中的地区。著名植物地理学家宾夕法尼亚大学的李惠林博士认为鄂西是温带植物区系最丰富的地区，而位于鄂西的湖北神农架自然遗产地约有温带分布属590属，相当于中国温带分布属的63.4%，就地区范围来说是中国其他任何地方所不能比拟的。特别是建群种的区系成分，如水青冈林应是第三纪欧、亚、美三大洲共有的古森林，当时可能在北方区系的中生落叶阔叶林中占主导地位（吴鲁夫，1964）。这表明遗产地汇总了中国温带属的大部分，而中国汇集了世界温带属的大部分，遗产地在世界温带区系中应占有核心位置，是全球温带分布属最集中的区域。

研究表明，鄂西是世界温带植物区系的发源地。吴鲁夫早在1943年指出，中国（华中为核心）是世界温带植物区系的发源地，华中地区被认为是北温带植物区系之母（吴鲁夫，1964）。植物地理学家应俊生教授认为，鄂西是温带植物区系分化和发展的集散地（应俊生和陈梦玲，2001）（图7.8~图7.11）。遗产地被称为"华中屋脊"，有6座海拔为3000 m以上的山峰，拥有华中和鄂西的绝大多数植物及中国大多数的温带分布属。因此，神农架自然遗产地是世界温带植物区系的集中发源地，是温带植物分化、发展和集散的重要地区。

（2）地带性植被的演变是东方落叶林生物地理省生物演化的杰出代表。

神农架气候从炎热湿润向温暖湿润演变，植被经历了从亚热带热带森林

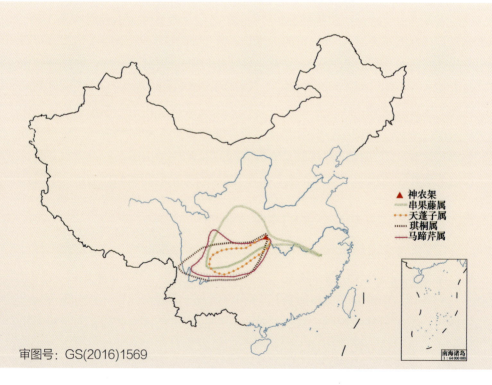

审图号：GS(2016)1569

▲ 图7.8 单种特有属以神农架为中心向西分布扩散（仿自应俊生等，1979）

7 全球突出普遍价值

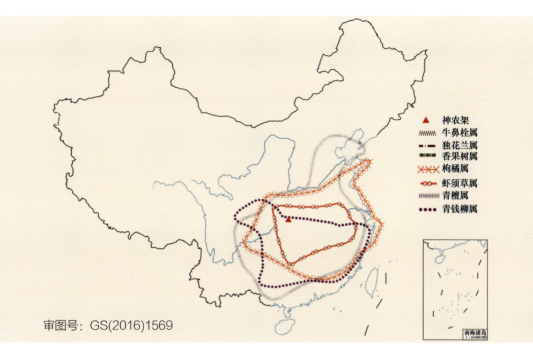

审图号：GS(2016)1569

▲ 图 7.9　单种特有属以神农架为中心向东、东南分布扩散（仿自应俊生等，1979）

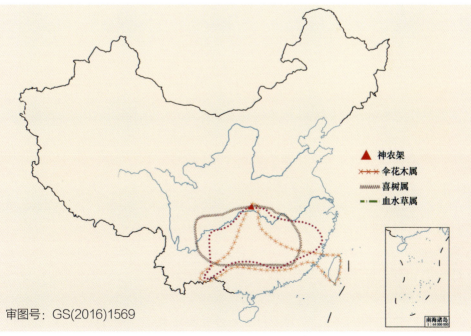

审图号：GS(2016)1569

▲ 图 7.10　单种特有属以神农架为中心向南分布扩散（仿自应俊生等，1979）

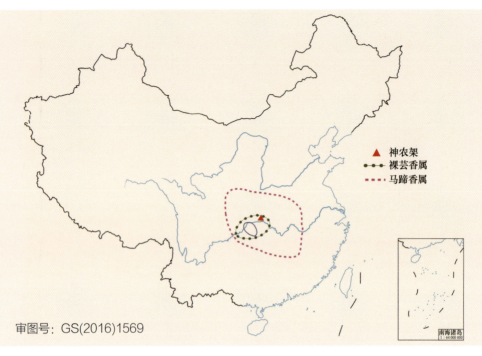

▲ 图 7.11　单种特有属以神农架为分布中心（仿自应俊生等，1979）

到北亚热带常绿落叶阔叶混交林的演化。晚中泥盆纪以来，神农架分布着以银杏类、苏铁类为代表的森林，其后发展为由种子蕨构成的热带森林。白垩纪以被子植物为优势，其和裸子植物（松柏类）构成的亚热带森林广泛分布。全新世以来，气候由炎热逐渐向温暖转变，植被由亚热带常绿阔叶林演化成常绿落叶阔叶混交林。原炎热湿润的热带植物区系逐步被现代温带植物区系所取代，三叠纪时期占优势的热带蕨类森林逐渐被温带落叶植物所替代。

遗产地位于东亚植物区系的中国 - 日本植物区系和中国 - 喜马拉雅植物区系的交汇地带，是南北植物区系的混合、特化中心，过渡性明显。遗产地是温带植物区系富集地带，有温带分布属 590 属，是世界上落叶木本植物最丰富的地区，也是温带植物区系分化、发展和集散的重要地区。同时，遗产地富含古老孑遗植物区系，至今仍保留了较多的第四纪冰川时期之前的古老物种，很多植物是第三纪甚至是白垩纪的残遗——炎热湿润环境下生物的后裔。

遗产地炎热湿润的热带植物区系逐步被温带植物区系所取代，植被逐步从热带、亚热带森林向北亚热带常绿落叶阔叶混交林的演化，突出代表了东方落叶林生物地理省生物群落演变和进化的过程。

7.3 遗产价值的完整性

7.3.1 法律地位

遗产地土地属国家所有，同时具有"国家级自然保护区""国家级风景名胜区"和"世界地质公园"等保护性命名，因此遗产地受到《中华人民共和国宪法》《中华人民共和国自然保护区条例》《中华人民共和国风景名胜区条例》等法律法规的保护。

(1)《中华人民共和国宪法》

第九条：矿藏、水流、森林、山岭、草原、荒地、滩涂等自然资源，都属于国家所有；有法律规定属于集体所有的森林和山岭、草原、荒地、滩涂除外。国家保障自然资源的合理利用，保护珍贵的动物和植物。禁止任何组织或者个人用任何手段侵占或者破坏自然资源。

(2)《中华人民共和国自然保护区条例》

第二十六条：禁止在自然保护区内进行砍伐、放牧、狩猎、捕捞、采药、开垦、烧荒、开矿、采石、挖沙等活动；但是，法律、行政法规另有规定的除外。

(3)《中华人民共和国风景名胜区条例》

第二十四条：风景名胜区内的景观和自然环境，应当根据可持续发展的原则，严格保护，不得破坏或者随意改变。风景名胜区管理机构应当建立健全风景名胜资源保护的各项管理制度。风景名胜区内的居民和游览者应当保护风景名胜区的景物、水体、林草植被、野生动物和各项设施。

7.3.2 边界及范围

湖北神农架自然遗产地有明确的遗产地和缓冲区边界。边界大部分以山脊线、河流、海拔或植被分布为划分依据，并参考了现有保护性命名的区域边界，包括"人与生物圈保护区""国家级自然保护区""世界地质公园"等，以保证遗产价值的完整性。遗产地已完成勘界立桩，在实地有明确划定的与遗产地和缓冲区界线一致的边界，并实施严格保护。

(1) 遗产地边界确定的原则

遗产地的边界范围界定参照了以下原则。

为保证湖北神农架自然遗产地生物多样性和栖息地保护价值和生物生态价值的完整性，选择海拔420~3106 m自然景观最有代表性的连续分布区域，以及垂直自然带谱和生态系统的完整性及珍稀濒危物种栖息地的完整性保存最好的区域。

尽量保证遗产地自然地理单元的完整性，遗产地边界尽可能与山脊、山谷、河流或者某一海拔的等高线保持一致。

参考现有遗产地范围内的原有保护地的边界范围，尽可能与其保持一致。

(2) 缓冲区边界确定的原则

遗产地的紧邻区域设有缓冲区，缓冲区的边界范围界定参照了以下的原则。

对遗产地具有缓冲作用的外围自然区域。

缓冲区不能包含潜在的大气和水污染源。

缓冲区保证有足够的缓冲区域。

(3) 面积及相关要素

遗产地总面积为73 318 hm^2，缓冲区总面积为41 536 hm^2。遗产地有少量人口居住，但基本保持了原始的自然环境，足以保障维系生态系统自然演化并确保大范围自然区域内综合自然景观、生物生境区和珍稀濒危物种得到良好保护。同时，遗产地有国家级保护性命名，遗产地未涵盖的自然带通过缓冲区使其自然属性得到有效保护，可以依据现有保护条例、法律对遗产地及缓冲区进行严格的保护管理，确保自然遗产价值的完整性。

在划入遗产地的范围内，包含了体现湖北神农架独特的生物多样性和栖息地保护价值及生物生态学价值的所有必要因素。

遗产地拥有森林、灌丛、草地、湿地、裸岩区和洞穴6个IUCN/SSC一级生境类型，二级生境类型22个，占全球一级生境类型总数的46%，是地质历史时期（第四纪冰川时期）野生动植物重要的避难所。拥有11个植被型、46个群系的生态系统类型，孕育了丰富的生物多样性。遗产地完整的植被垂直带谱、多样的生境为众多珍稀濒危动植物提供了其赖以生存的关键栖息地。例如，海拔1600~3000 m的落叶阔叶林、针阔混交林和针叶林生态系统分别在不同季节为濒危动物川金丝猴湖北亚种提供了季节互补的食谱和栖息境，例如，北坡海拔1700~2200 m的落叶阔叶林下潮湿生境是濒危植物独花兰的关键生境。遗产地有大面积的无人区和原始森林，是北亚热带生物多样性和原生的生物生境保护最好的区域，为众多珍稀濒危、特有物种繁衍提供了无人类活动干扰的优质空间。因此，遗产地能够保证本区域生态环境的完整性和生物多样性得到最好的保护，是神农架南坡和北坡山地垂直自然带的最典型代表和孑遗物种的最重要避难所。

植物区系分析结果和化石证据表明，由于未受第四纪冰川的严重侵袭，遗产地的生物和生态演化过程完整，最能反映北亚热带山地生物多样性演化与分布变化规律。遗产地包含了岩溶地貌、流水地貌、冰蚀地貌、构造地貌等复杂多样的地貌类型。海拔落差高达2706.2 m，形成了自下而上分别具有亚热带、温带、寒温带气候特征的垂直立体气候和山地黄壤、山地黄棕壤、山地棕壤、山地暗棕壤、山地灰化暗棕壤等完整的山地土壤系列类型，也孕育出由常绿阔叶林带、常绿落叶阔叶混交林带、落叶阔叶林带、针阔混交林带、针叶林带和亚高山灌丛、草甸带组成的完整而原始的植被垂直带谱，在东方落叶林生物地理省最具代表性。拥有北亚热带保存最完好的常绿落叶阔叶林生态系统，是连接暖温带落叶阔叶林和亚热带常绿阔叶林的纽带。遗产地拥有温带分布的属590属，是世界温带属的集中分布地和发源地的代表区域。因此，遗产地能够保证其反映的北亚热带生态系统及动植物群落演变、发展的生物生态过程的要素得到最完整的保护，能够有效保证遗产地生物生态过程的自然演化。

(4) 负面影响

遗产地缓冲区及周边居民主要从事林茶生产生活活动，对遗产地环境和资源产生一定程度的影响。其中，巴东部分及其缓冲区地处鄂西北大山深处，地势险峻，原始植被覆盖度高，交通封闭，人口稀少。

遗产地和缓冲区内旅游观光活动旺盛，旅游旺季部分热点景区游客过于集中。遗产地管理机构通过实施分区保护和游客疏导分流措施，来缓解旅游业所带来的生态环境压力。

7.4 遗产价值对比分析

按照IUCN世界遗产类别,湖北神农架自然遗产地属山岳遗产,与列入《世界遗产名录》的山岳遗产、同一生物地理省的世界自然遗产及列入预备清单的遗产地相比,湖北神农架自然遗产地在生物多样性,以及群落和生态系统的生物生态过程等方面的全球突出普遍价值有其特色。

7.4.1 与列入《世界遗产名录》的山岳遗产对比

截至2014年7月,全球共有197项世界自然遗产和31项双遗产列入《世界遗产名录》。依据IUCN工作文件《世界遗产名录山岳遗产全球概述》(2002),山岳遗产应符合以下3条标准:①相对高差至少要达到1500 m;②面积至少为10 000 hm^2;③属于IUCN Ⅰ~Ⅳ保护区。该文件列出了55项已列入《世界遗产名录》的山岳遗产,加上近年来新列入的山岳遗产,目前全球共有65项山岳遗产(表7.1)。它们展示了最重要的自然现象和自然美(标准vii)、地质过程(标准viii)、生态与生物过程(标准ix)及生物多样性(标准x),因而具有突出普遍价值。

湖北神农架自然遗产地位于亚欧大陆东部平原丘陵向高原山地过渡的北亚热带,与地处寒带、热带的山岳遗产在综合自然地理特征、生物多样性、生态系统方面迥然不同,不具可比性。湖北神农架自然遗产地以标准(ix)和标准(x)列入世界遗产名录,与以其他标准列入遗产名录的山岳遗产不具可比性。经过筛选,65项山岳遗产中可与神农架自然遗产地对比的山岳遗产有12项(表7.1序号54~65)。

湖北神农架自然遗产地地处亚热带季风气候区,垂直高差达2706.2 m,地带性植被为亚热带常绿落叶阔叶混交林。拥有自下而上依次为常绿阔叶林、常绿落叶阔叶混交林、落叶阔叶林、针阔混交林、针叶林和亚高山灌丛、草甸的垂直自然带谱。遗产地有3767种高等植物,874种落叶木本植物,87种哺乳动物,399种鸟类,53种爬行动物及4365种昆虫;其中珍稀濒危植物234种、珍稀濒危动物130种。

(1) 克卢恩/兰格尔-圣伊莱亚斯/冰川湾/塔琴希尼-阿尔塞克

位于北纬58°,处于温带和寒带的过渡带,主要植被类型为针叶林和亚

7 全球突出普遍价值

表 7.1　65 项现有山岳遗产（含与神农架自然遗产地对比的 12 项山岳遗产，序号 54~65）

序号	名称（国家）	标准	面积 /hm² 和海拔 /m	生物地理省	经纬度	主要特征
1	罗斯冰川国家公园（阿根廷）	(vii)(viii)	445 900 178~2 920	智利假山毛榉(8.11.2) 南安第斯山(8.37.12)	南纬 49°12'~50°52' 西经 72°40'~73°37'	具崎岖而高耸的山脉和无以数计的冰川湖，拥有南极洲以外面积最大的冰原，绵延达 14 000 km²。含有南极洲巴塔哥尼亚森林和草原两种独具特色的冰块被冲到湖里，冰块撞击如雷声轰鸣，蔚为壮观。
2	伊沙瓜拉斯托-塔拉姆佩雅自然公园（阿根廷）	(viii)	275 369		南纬 30°00' 西经 68°00'	伊沙瓜拉斯托和塔拉姆佩雅是两个邻近的国家公园，坐落于阿根廷中西部彭彭巴山西麓的沙漠地区。保存有三叠纪最为完整的大陆化石。公园内的 6 个地质层含有哺乳动物先祖、恐龙及各种植物化石，反映了脊椎动物的进化过程及三叠纪时期古代的自然环境。
3	赫德岛和麦克唐纳群岛（澳大利亚）	(viii)(ix)	36 500 0~2 745	Insulantarctica(7.4.9)	赫德岛 南纬 53°06' 东经 73°30' 麦克唐纳群岛 南纬 53°03' 东经 72°36'	位于澳大利亚南部海域，亚南极唯一的活火山群岛，打开了"地球心底之窗"，为人类提供了观察变化过程和冰河运动的机会。该群岛保留了世界罕见早期岛屿生态系统，从未受到来自生态系统外的生物和人类的影响。
4	皮林国家公园（保加利亚）	(vii)(viii)(ix)	40 060 1 008~2 914	巴尔干半岛高地(2.33.12)	北纬 41°40' 东经 23°30'	位于保加利亚西南部的皮林山脉。公园内景观主要为巴尔干喀斯特地形、冰川、湖泊、瀑布。冰川和松林等夹杂其间，扩展的部分主要是一个海拔超过 2 000 m 的高山草甸，景观以高山草甸、岩屑堆和山峰为主。
5	纳汉尼国家公园（加拿大）	(vii)(viii)	476 560 180~2 640	加拿大泰加林(1.4.3)	北纬 61°32'~62°00' 西经 125°35'~127°30'	坐落于北美洲最壮观的河流之一——南纳汉尼河流域。有三瀑布和独特的石灰岩洞穴，公园里峡谷幽深。洞穴和松林区森林狼、驯鹿等动物的栖息地。还有大角羊和北美灰熊出没。
6	加拿大落基山公园（加拿大）	(vii)(viii)	2 306 884 1 600~4 345	落基山脉(1.19.12)	北纬 51°25'~53°28' 西经 116°28'~119°32'	逶迤相连的班夫、贾斯珀、库特奈和约克虎国家公园，以及罗布森、阿西尼博因山和艾伯达省级公园构成了一道壮丽的高山风景线，有山峰、冰河、湖泊、瀑布、峡谷和石灰石洞穴。这里有作吉斯湖化石遗址，也有海洋软体动物的化石。

续表

序号	名称（国家）	标准	面积/hm² 和海拔/m	生物地理省	经纬度	主要特征
7	沃特顿冰川国际和平公园（加拿大/美国）	(vii) (ix)	457 614 962~3 178	落基山脉 (1.19.12)	北纬48°15'~49°00' 西经113°15'~114°30'	1932年加拿大埃尔伯塔州的沃特顿湖区国家公园与美国蒙大拿州的冰河国家公园进行合并，组成世界上第一个国际和平公园。该公园位于加拿大和美国边界，风光迷人，特别是植物及哺乳动物种类丰富，同时拥有草原、森林、山地和冰川等地貌。
8	黄山（中国）	(ii) (vii) (x)	15 400 600~1 864	东方落叶林 (2.15.05)	北纬30°01'~31°18' 东经118°01'~118°17'	黄山被誉为"震旦国中第一奇山"。在中国历史上的鼎盛时期，通过文学和艺术的形式（如16世纪中叶的"山""水"风格——受到了"泛海中的赞誉"黄山以其壮丽的景色——生长于花岗岩石上的奇松和浮现在云海中的怪石而著称，对于来到这个风景胜地的游客、诗人、画家和摄影家而言，黄山具有永恒的魅力。
9	九寨沟风景名胜区（中国）	(vii)	72 000 2140~4558	四川山地 (2.39.12)	北纬32°54'~33°19' 东经103°46'~104°04'	曲折狭长的九寨沟山合海拔4 800多米，形成了一系列森林生态系统。壮丽的景色因一系列狭长的圆锥状喀斯特地貌和壮观的瀑布而无满生趣。山谷中现存有140种鸟类及许多濒临灭绝的动植物，包括大熊猫和四川扭角羚。
10	黄龙风景名胜区（中国）	(vii)	60 000 1 700~5 588	四川山地 (2.39.12)	北纬32°30'~32°42' 东经103°25'~103°32'	黄龙景区由众多雪峰和中国最东边的冰川组成的山谷。除了高山泉观，这里还存在各种不同的森林生态系统，以反壮观的石灰岩构造，瀑布和温泉，还生存着许多濒临灭绝的动物，包括大熊猫和四川疣鼻金丝猴。
11	峨眉山-乐山大佛（中国）	(iv) (vi) (x)	15 400 500~3 099	东方落叶林 (2.15.5) 中国亚热带森林 (2.1.2)	北纬29°16'~29°43' 东经103°10'~103°37'	峨眉山景色秀丽的山巅上，坐落着中国第一座佛教寺院，为佛教的主要圣地之一。乐山大佛是8世纪时在一座山岩上雕琢出来的，佛像身高71 m，堪称世界之最。峨眉山物种繁多，种类丰富。植被类型从亚热带常绿阔叶林到高山针叶林应有尽有。
12	武夷山（中国）	(iii) (vi) (vii) (x)	99 975 200~2 158	华南雨林 (4.6.1) 中国亚热带森林 (2.1.2)	北纬27°32'~27°55' 东经117°24'~118°02'	武夷山脉是中国东南部最负盛名的生物多样性保护区，其中许多生物为中国所特有。九曲溪两岸峡谷秀美，子庙宇众多。该地区从唐末理学的发展和传播提供了良好的地理环境。自11世纪以来，理教统治着东亚地区文化产生了相深刻的影响。公元1世纪时，汉朝统治者在程村附近建立了一处较大的行政首府，厚重坚实的围墙环绕四周，极具考古价值。

104

续表

序号	名称（国家）	标准	面积/hm² 和海拔/m	生物地理省	经纬度	主要特征
13	瓜纳卡斯特自然保护区（哥斯达黎加）	(ix) (x)	147 000 50~3 819	中美洲 (8.16.04)	北纬10°51′ 西经85°37′	瓜纳卡斯特自然保护区是重要的生物多样性自然栖息地。这里有从中美洲蔓延到墨西哥北部的早期最好的栖息地反主要的濒危植物和动物的栖息地，陆地和海岸环境展示了重要生态过程。
14	塔拉曼卡仰芝-拉阿米斯德保护区（哥斯达黎加+巴拿马）	(vii) (viii) (ix) (x)	567 845 50~3 819	中美洲 (8.16.04)	北纬8°44′~10°02′ 西经82°43′~83°44′	位于中美洲，这里有第四纪冰川的痕迹，是北美和南美的动植物栖息地。热带雨林覆盖了大部分地区。4个不同的印第安部落生活在这片土地上。
15	维龙加国家公园（刚果）	(vii) (x)	790 000 680~5 119	中非山地 (3.20.12)	北纬0°55′~南纬1°35′ 东经29°10′~30°00′	地貌多样，从沼泽地、稀树大草原到海拔5 000 m以上的鲁文佐里雪山。山地大猩猩栖息在公园里，从熔岩平原到火山山坡处的大草原，地带约有20 000头河马，自西伯利亚迁徙来的鸟也在这里过冬。
16	卡胡兹-别加加国家公园（刚果）	(x)	600 000 700~3 308	中非山地 (3.20.12)	南纬1°36′~2°37′ 东经27°33′~28°40′	大片原始热带森林，有种类丰富、数量繁多的动物资源。其中仅存的山地大猩猩群之一（大约只由250头组成）就生活在海拔2 100~2 400 m的地区。
17	塞米恩国家公园（埃塞俄比亚）	(vii) (x)	22 000 1 900~4 430	埃塞俄比亚山地 (3.18.12)	北纬13°11′ 东经38°04′	侵蚀造就的世界上最为壮观的奇景之一。山峰险峻，悬崖峭壁高达1500 m。公园也是一些极珍稀动物的栖息地，如宽齿狐狸和世界上仅存在此处的瓦利亚野生山羊。
18	加拉帕戈斯群岛（厄瓜多尔）	(vii) (viii) (ix) (x)	14 066 514 −180~1 707	加拉帕戈斯群岛 (8.44.13)	北纬1°40′~南纬1°36′ 西经89°14′~92°01′	群岛地处离南美大陆1 000 km的太平洋上，由19个火山岛及海域组成，被人称作独一无二的"活的生物进化博物馆和陈列室"。加拉帕戈斯群岛处于三大洋洋流的交汇处，是海洋生物的"大熔炉"。持续的地震和火山活动反映了群岛的形成过程。这些过程，加上群岛与世隔绝的地理位置，促使海岛内陆出许多奇异的动植物种，如陆生鬣蜥，巨龟和多种类型的雀类。1835年查尔斯·达尔文参观了这片岛屿后，从中得到感悟，进而提出了著名的进化论。

续表

序号	名称（国家）	标准	面积/hm² 和海拔/m	生物地理省	经纬度	主要特征
19	桑盖国家公园（厄瓜多尔）	(vii) (viii) (ix) (x)	271 925 800~5 319	亚马孙热带雨林/湿润高原（8.05.01/8.35.12）	南纬1°27′~2°15′ 西经78°04′~78°31′	以其独特秀丽的自然风光和两座活火山的壮观景象向人们展现了一个完整系列包括平原森林交相辉映。这种孤立的山峰与苍翠的平原森林交相辉映。这种孤立的环境使得当地特有的生物，诸如山貘和安第斯禿鹫等得以幸存。
20	比利牛斯-珀杜山（法国+西班牙）	(iii) (iv) (v) (vii) (viii)	30 639 300~3 352	伊比利亚半岛山地（2.16.6）	北纬42°38′ 西经0°10′	雄伟壮观的高山景观横跨法国与西班牙国界，以海拔为3 352 m的石灰质山-珀杜山顶峰为中心，面积为30 639 hm²。西班牙境内拥有欧洲两个最大最深的峡谷，法国境内则是三个大片环形屏障，充分代表了该地区的地质风光。这个地区还有古静的田园风光，反映了欧洲高地非常普遍的农业生活方式，而今却仅存于比利牛斯地区。
21	阿索斯山（希腊）	(i) (ii) (iv) (v) (vi) (vii)	33 042 0~2 033	地中海硬叶林（2.17.7）	北纬40°15′ 东经24°10′	阿索斯山自1054年以来就是东正教的精神中心。从拜占庭时期起就拥有独立的法律。这座禁止妇女儿童进入的"神圣之山"也是一个艺术宝库。这里有着20座修道院，住着1 400名修道士。这些修道院设计的影响远至彼罗斯，其绘画流派甚至影响了东正教艺术史。
22	楠达戴维山国家公园和花谷国家公园（印度）	(vii) (x)	71 783 3 000~7 817	喜马拉雅山地（2.38.12）	北纬30°41′~30°48′ 东经79°33′~79°46′	喜马拉雅山脉最引人入胜的荒原地区之一。公园的主体是高达7 800多米的楠达戴维山主峰。该地区人迹罕至，因此得以保留原貌。一些濒危哺乳动物栖息在这里，其中特别珍贵的有雪豹。喜马拉雅山麝香鹿和岩羊。花谷国家公园以其极具美丽的高山花卉草地和突出的自然美景而闻名，同时是稀有濒危动物的栖息地。这些动物包括亚洲黑熊、雪豹、棕熊、标徽和岩羊。在一个多世纪中它们得到了喜马拉雅之间独特的过渡区，并在更长时间里获得了印度神话作家的赞美。
23	洛伦茨国家公园（印度尼西亚）	(viii) (ix) (x)	2 350 000 0~5 030		南纬4°45′ 东经137°49′	东南亚最大的保护区，也是世界上唯一一个既包括冰雪覆盖的山地又有热带海洋环境及广阔低地沼泽的连续好的保护区。位于两个大陆板块碰撞地，地质情况复杂，既有山脉的形成，又有冰河作用的形成。还保存着化石遗址，记载了新几内亚生命的进化。拥有具地方特色的动植物及丰富的生物多样性。

106

续表

序号	名称（国家）	标准	面积/hm² 和海拔/m	生物地理省	经纬度	主要特征
24	白神山地（日本）	(ix)	16 939 300~1 243	东方落叶林 (2.15.05)	北纬40°22'~40°32' 东经140°02'~140°12'	位于北本州群山，人迹罕至，保留了最后一个未被开发的寒带西博尔德毛榉森林遗迹。西博尔德毛榉树曾经分布很广，几乎覆盖日本北部的所有丘陵和山坡。白神山地的森林中还生活着黑熊、鬣羚和87种鸟类。
25	肯尼亚山国家公园及自然森林（肯尼亚）	(vii)(ix)	142 020 1 600~5 199	东非山地 (3.21.12)	北纬0°7'26" 东经37°20'12"	是非洲的第二高峰，高达6 500 m，有12条小冰川，还有4个次高峰坐落在"U"形冰川谷的顶部。陡峭的山峰常年冬雪皑皑，山坡上生长着茂密的森林，使得肯尼亚山成为东非非常引人注目的风景点之一。非洲高山植物的演化和生态系统也为研究生态系统提供了突出的案例。
26	基纳巴卢山国家公园（马来西亚）	(ix)(x)	75 370 152~4 101	东马来西亚巴州 	北纬6°15' 东经116°30'	位于马来西亚沙巴州，被喜马拉雅山和新几内亚之间最高的山基纳巴卢山（4 095 m）所环绕。植被丰富，从热带低地、雨林小山到热带高山森林、亚高山森林和更高海拔的灌木，应有尽有。被誉为东南亚植物多样性展示中心，种类极其丰富，有喜马拉雅山、中国、澳大利亚、马来西亚以及泛热带的各种植物。
27	穆鲁山国家公园（马来西亚）	(vii)(viii) (ix)(x)	52 864 2 377		北纬4°59' 东经114°55'	位于沙捞越州的巴婆罗岛，因其生物多样性和喀斯特地貌而闻名，包含17个植物园，有维管束植物3 500多种，棕榈树种类异常丰富，已知有20属，109种。已开发的山洞至少295 km，洞中景观壮丽，并栖息着上百万只蝙蝠。沙捞越洞穴长600 m，宽415 m，高80 m，是世界上已知最大的洞穴。
28	萨迦玛塔国家公园（尼泊尔）	(vii)	124 400 2 805~8 848	喜马拉雅山山地 (2.38.12)	北纬27°57'55" 东经86°54'47"	位于加玛塔是一个特别的地区，遍布形态各异的山脉、冰河和深谷。主要山脉珠穆朗玛峰为世界最高峰，海拔为8 848 m。公园里有许多稀有的动物，如雪豹和小熊猫。含帕斯部落的独特文化更增添了这一国家公园的魅力。
29	汤加里罗国家公园（新西兰）	(vi)(vii) (viii)	79 596 500~2 797	新新西兰 (7.01.02)	南纬38°58'~39°35' 东经175°22'~175°48'	汤加里罗是于1993年第一个被列入世界遗产目录的毛利人具有文化和宗教意义。地处公园中心的群山对毛利人社会与外界环境的精神联系。公园里有活火山，死活山和不同层次的生态系统及非常美丽的风景。

续表

序号	名称（国家）	标准	面积/hm² 和海拔/m	生物地理省	经纬度	主要特征
30	阿德尔和泰内雷自然保护区（尼日尔）	(vii) (ix) (x)	7 736 000 440~1 988	西非荒漠草原 (2.18.07) 萨赫勒 (3.12.07)	北纬17°14′~20°30′ 东经8°00′~10°57′	非洲最大的自然保护区，占地约770万hm²，但是整个区域中只有约占面积1/6的地区具有保护意义的，包括阿德尔火山山脉和小萨赫勒地区。气候、动物和植物与周围地区非常不同。以拥有各样化的环境、多样化的植物和野生动物而著称。
31	达连国家公园（巴拿马）	(vii) (ix) (x)	597 000 0~1 875	Panamanian (8.2.1)	北纬7°12′~8°31′ 西经77°09′~78°25′	为连接新世界两个大洲间的桥梁，拥有非常丰富的地理环境，如沙滩、岩石海岸、红树林、沼泽湿地及山地热带丛林，其间生长着奇异的野生动植物。公园里还有两个印第安部落。
32	马丘比丘古神庙（秘鲁）	(i) (iii) (vii) (ix)	32 592 1 850~4 600	湿润高原 (8.35.12)	南纬13°10′~13°14′ 西经72°30′~72°34′	古庙被热带丛林所包围，可能是印加帝国全盛时期最辉煌的城市建筑，古庙矗立在安第斯山脉东边的斜坡上，环绕着亚马孙河上游的盆地，那里的物产非常丰富。
33	瓦斯卡兰国家公园（秘鲁）	(vii) (viii)	340 000 2 500~6 768	南安第斯山 (8.37.12)	南纬8°50′~10°40′ 西经77°07′~77°49′	地处世界上最高的热带山脉——布兰卡山脉。湍急的河流和冰河造成的幽谷及种类繁多的植被使其美丽非常，且为眼镜熊和安第斯秃鹫的栖息地。
34	玛努国家公园（秘鲁）	(ix) (x)	1 716 295 365~4 000	亚马孙/湿润高原/山间高原 (8.5.1/8.35.12/ 8.36.12)	南纬71°10′~72°22′ 西经11°17′~13°11′	海拔150~4 200 m分布着不同种类的植物。低海拔热带丛林中生活着丰富的动物和植物。已发现约850种鸟类及平常罕见的巨型水獭和庞大的犰狳等动物。美洲虎也经常出没在这个公园里。
35	里奥阿比塞奥国家公园（秘鲁）	(iii) (ix) (vii) (x)	274 520 350~4 200	北安第斯山湿润高原 (8.33.12)	南纬7°24′~8°03′ 西经76°58′~77°32′	保护了安第斯山脉潮湿森林里特有的动物和植物。公园里的动植物具有很强的当地特色，还发现过被认为已经绝种的黄尾毛猴。已经发现了36个考古地点。非常有利于印加帝国以前当地社会的了解。
36	科米原始森林（俄罗斯）	(vii) (ix)	3 280 000 98~1 895	西欧亚泰加林 (2.3.3)	北纬61°25′~65°45′ 东经57°27′~61°20′	位于乌拉尔山脉和乌拉尔山脉的冻土地带，为欧洲北部现存面积最大的一片原始森林。这一广袤区域范围内的针叶树、白桦、白杨、泥炭沼、河流及天然湖泊已经被监控和研究了50多年，为针叶林带提供了宝贵的自然生物多样性宝贵的资料。

续表

序号	名称（国家）	标准	面积/hm² 和海拔/m	生物地理省	经纬度	主要特征
37	金山－阿尔泰山（俄罗斯）	(x)	1 611 457 109~4 506	阿尔泰山地（2.35.12）	北纬49°15′~51°00′ 东经86°15′~89°00′	位于西伯利亚南部，是西伯利亚地理生态区的主要山脉，也是世界上最长的河流之一—鄂毕河湾的源头。列入《世界遗产名录》的有3个区域：阿尔泰司基巴波状伏德尔克及楚勒尼扎叶冲地带，卡顿与基扎尔波伏德尔克及贝露兆哈缓冲地带，乌郭高原上的吴树大草原。这地区向世人展示了完整的中西伯利亚植被，包括无树大草原、森林－草原交错带、混交林、次高山苔原、高山苔原等。它还是雪豹等濒危物种等重要的栖息地。
38	中斯霍特阿兰山脉（俄罗斯）	(x)	1 553 928 250~3 360		北纬45°20′ 东经136°10′	有世界上土地最肥沃、气温宜人的森林。在针叶林地带与亚热带地区，老虎、喜马拉雅熊等南方物种与棕熊、山猫等北方物种得以共同栖息。该遗址由锡霍特－阿林高峰延伸至日本海（东海），对于阿穆尔虎等濒危生物的存活至关重要。
39	夸特兰巴山脉/德拉肯斯堡山公园（莱索托+南非）	(i) (iii) (vii) (x)	242 813 1 280~3 446	南非山地（3.22.12）	南纬28°55′~29°55′ 东经29°05′~29°45′	天然美景包括玄武岩柱和金色的沙石堡垒，岩石密布的峡谷，众多山洞和岩石棚聚中保存了反映非洲南部撒哈拉4000多年间精种生活的绘画。品质上乘，造型广泛。多样的生境为众多濒危物种提供栖息地，尤其是鸟类和植物。
40	少女峰－阿雷奇冰河－毕奇霍恩峰（瑞士）	(vii) (viii) (ix)	82 400 809~4 274	中欧山地（2.32.12）	北纬46°30′ 东经8°02′	面积82 400 hm²，为阿尔卑斯高山、欧亚大陆山脉最大的冰川生态系统多样，包括冰川融化而形成的演替阶段。其景观在欧州艺术、文化、登山和阿尔卑斯山旅游中起着重要作用。
41	鲁文佐里山国家公园（乌干达）	(vii) (x)	99 600 1 200~5 119	中非山地（3.20.12）	北纬0°06′~0°46′ 东经29°47′~30°11′	由鲁文索瑞山脉主干构成，包括非洲第三高峰（玛格丽塔峰，高5 109 m）。该地区的冰川、瀑布和湖泊使它成为非洲最美丽的山区之一，是许多濒危物种的自然栖息地，生长着许多珍稀植物，包括巨型石南花。
42	乞力马扎罗国家公园（坦桑尼亚）	(vii)	75 575 1 830~5 895	索马里兰（3.14.07）	南纬2°45′~3°25′ 东经37°00′~37°43′	乞力马扎罗山是非洲的最高点，终年积雪的山顶在大草原上若隐若现。乞力马扎罗山四周都是山林，生活着众多哺乳动物，其中一些还是濒于灭绝的种类。

续表

序号	名称（国家）	标准	面积/hm² 和海拔/m	生物地理省	经纬度	主要特征
43	奥林匹克国家公园（美国）	(vii)(ix)	369 660 0~2 428	俄亥俄 (1.2.2)	北纬47°29'~48°16' 西经123°07'~124°43'	坐落于华盛顿州西北角，以其生态系统多样著称。公园不仅有常年被冰雪覆盖的高山，还有大量的高山草甸，以及高山温带雨林。这些森林是太平洋西北部地区保存最为完好的温带雨林之一。从奥林匹亚山上发源的11条主要河流为当地的沿海原野提供了良好的栖息环境。还有100 km长的沿海原野保留地，是美国最长的未开发海岸地带。在这片原野保留地内生活着大量当地特有的动植物，包括濒危的北部斑点猫头鹰、斑海雀和海鳟等。
44	约塞米蒂国家公园（美国）	(vii)(viii)	308 283 600~4 000	内华达山区-瀑布群 (1.20.12)	北纬37°30'~38°11' 西经119°12'~119°53'	位于加利福尼亚中部，展示着世上罕见的由冰川作用而形成的大量花岗岩的形态，包括"悬空"山谷、瀑布群、冰斗湖、冰碛及"U"型山谷。在其海拔600~4 000 m内，还可以找到各种各样的动植物。
45	夏威夷火山国家公园（美国）	(viii)	92 934 0~4 169	夏威夷群岛 (5.03.13)	北纬19°11'~19°33' 西经155°01'~155°39'	世界上最活跃的两个活火山——冒纳罗亚山（海拔为4 170 m）和基拉韦厄火山（海拔为1 250m），就像太平洋上的两个巨塔耸立在夏威夷国家公园内。火山猛烈的喷发不断改变周围的景观，熔岩流揭示了奇妙的地质构造过程。这里发现了许多稀有鸟类，当地特有和大量的巨型蕨类植物。
46	卡奈依马国家公园（委内瑞拉）	(vii)(viii)(ix)(x)	3 000 000 450~2 810	圭亚那 (8.04.01)	北纬4°41'~6°29' 西经60°40'~62°59'	绵延于圭亚那和巴西边界线之间的委内瑞拉东南部。65%的土地由石板山覆盖。这些生物地质学实体构成的石板山极具地质学价值。陡峭的悬崖和高达1 000 m的瀑布，构成了卡奈依马国家公园的独特景观。
47	四川大熊猫栖息地（中国）	(x)	924 550 580~6 250	四川山地 (2.39.12)	北纬29°53'~31°21' 东经102°08'~103°23'	面积为924 500 km²，目前全世界30%以上的濒危野生大熊猫都生活在那里，包括邛崃山和夹金山的7个自然保护区和9个景区，是全球最大、最完整的大熊猫栖息地，为第三纪原始热带森林遗迹，也是最重要的圈养大熊猫繁殖地。这里是小熊猫、雪豹及云豹等全球严重濒危动物的栖息地。栖息地还是世界上除热带雨林以外植物种类最丰富的地区之一，生长着1 000多个属的5 000~6 000种植物。

续表

序号	名称（国家）	标准	面积/hm² 和海拔/m	生物地理省	经纬度	主要特征
48	三清山国家公园（中国）	(vii)	22 950 200~1 816	东方落叶林（2.15.6）	北纬 28°48′~29°00′ 东经 117°58′~118°08′	因其独特的景观品质而被提名。集中展现了形态美轮美奂的 48 座花岗岩奇峰和 89 处花岗岩怪石。海拔为 1 817 m 的怀玉山，具有花岗岩被的花岗岩的特征和独特的气象条件，在这种特殊气象条件下形成云端带有明亮的白色彩虹等富子变化和引人入胜的景观。该地区形成了一个周是亚热带森林景观同时具有温带森林景观的有岛屿。其特点在于拥有了森林、湖泊、泉水和大量的瀑布，有些瀑布高达 60 m。
49	挪威西峡湾 - 盖朗厄尔峡湾和纳柔依尔峡湾（挪威）	(vii)(viii)	68 346 0~1 850	西欧亚泰加山地（2.3.3）/ Boreonemoral 合地（2.10.5）	北纬 62°00′~62°17′ 东经 6°55′~07°24′	位于挪威西南部，单尔根东北部，间隔距离 120 km。是世界上最窄长的峡湾，拥有原始秀美的海湾景观。挪威海上耸立着 1 400 m 高、狭窄陡峭的水晶岩壁，海面以下绵延 500 m，造就了此处独特的自然美景。峡湾中、悬崖峭壁上是数不清的瀑布，自由欢畅的河水穿越落叶针叶林后流入冰湖、冰河和崎岖的山地。一系列的陆地和海洋景观如海底冰碛、和海底哺乳动物，共同构成了这里独特的景致。
50	苏门答腊热带雨林（印度尼西亚）	(vii)(ix)(x)	2 595 124 0~3 805	苏门答腊（4.21.12）	南纬 2°30′ 东经 101°30′	由 3 个国家公园组成：古农列尤择（Gunung Leuser）、布吉克尼西土巴拉（Kerinci Seblat）及巴瑞杉西拉坦（Bukit Barisan Selatan）国家公园。这里具有长期保护苏门答腊种类各异且多异化的生物群种和濒危植物种的巨大潜力。保护区中约有 10 000 种植物种类，包括 17 个本地种类；超过 200 种当地特有的。在哺乳动物中，580 种鸟类，其中 465 种是不正的徒有，21 种地特有的，22 种为亚洲特有，15 种仅限于印度尼西亚地区，包括苏门答腊猩猩。该保护区为保护苏门答腊区提供了这个岛进化的生物地理学证据。

续表

序号	名称（国家）	标准	面积/hm² 和海拔/m	生物地理省	经纬度	主要特征
51	阿钦安阿纳雨林（马达加斯加）	(ix) (x)	479 661 0~2 658	马达加斯加雨林（3.3.1） 马达加斯加萨瓦那（3.9.4） 马达加斯加灌木林（3.10.4）	南纬 14°27′ 东经 49°42′	由 6 个国家公园组成。6 000 万年前，马达加斯加同大陆彻底分离，雨林的动植物在孤立隔绝的状态下完成了进化过程。阿钦安阿纳雨林入选《世界遗产名录》，不仅因为它对于生态和生物进程具有重要性，更是由于雨林中的生物多样性和濒危物种。阿钦安阿纳雨林对于动物种群，特别是灵长目动物具有特别重要的意义。这里生活着很多珍稀和濒危物种。马达加斯加全部 123 种陆生哺乳动物中有 78 种栖息在这片雨林，包括被世界保护自然联盟列入《濒危物种红色名录》的 72 个物种，其中有至少 25 种狐猴。
52	泰德国家公园（西班牙）	(vii) (viii)	18 990 1 650~3 718	Macaronesian Islands（2.40.13）	北纬 28°09′~28°20′ 西经 16°29′~16°44′	位于加那利群岛。以泰德成层火山为特征，其海拔为 3 718 m，是西班牙的最高峰。由于气候条件、景观的特征和色调不断发生变化，以及云海对山体的绝妙衬托，使岛该遗址的视觉效果更为震撼。泰德火山公园见证了海岛演变的地质过程，是已列入《世界遗产名录》的火山公园（如美国的夏威夷火山公园）的重要补充。
53	萨多纳地质构造区（瑞士）	(viii)	32 850 570~3 257	中欧山地（2.34.12）	北纬 46°55′ 东经 9°15′	具有特色的 7 座山峰海拔高达 3 000 m 以上。提供了造山运动的异常特例。通过大陆板块碰撞和独特的推覆过冲型地震构成等过程，将老的深层岩石撒过到较年轻的浅处岩石上面。自 18 世纪以来，这里一直是重要的地质学研究基地。格拉鲁斯阿尔卑斯山脉是一座被冰雪覆盖的山脉。屹立在狭窄的河谷上，是阿尔卑斯山中部最大的冰川同期切割以后的山崩地点。
54	塔斯马尼亚荒原（澳大利亚）	(vii) (viii) (ix) (x) 1993C (iii) (iv) (vi)	1 407 513 0~1 617	塔斯马尼亚（6.2.2）	南纬 41°35′~43°40′ 东经 145°25′~146°55′	国家公园和保护区处于受冰河作用严重影响的地区，到处是崎岖峡谷，是世界上仅有的几个大规模的温带雨林区之一。石灰石洞穴中发现的遗迹是两万多年前人类居住遗迹。

7 全球突出普遍价值

续表

序号	名称（国家）	标准	面积/hm² 和海拔/m	生物地理省	经纬度	主要特征
55	克卢恩/兰格尔-圣伊莱亚斯/冰川湾/塔琴希尼-阿尔塞克（加拿大/美国）	(vii)(viii)(ix)(x)	9 839 121 500~5 959	育空泰加林(1.3.3)/冰川湾(1.1.2)	北纬58°10'~59°15' 西经135°15'~138°40'	位于加拿大（育空地区和英属哥伦比亚）和美国（阿拉斯加）交界处，包括冰川和高峰。景致蔚为壮观。这里是大灰熊、北美驯鹿和大角羊的栖息地，也是世界上最大的非极地冰顶区。
56	蒂瓦希普纳姆-新西兰西南部地区（新西兰）	(vii)(viii)(ix)(x)	2 600 000 0~3 764	新新西兰(7.01.02)	南纬43°00'~46°30' 东经166°26'~170°40'	位于新西兰西南部，其景观在冰川的持续作用下形成，有海滩、石头海岸、悬崖、湖泊和瀑布。公园内2/3被南方的山毛榉树和罗汉松覆盖。其中一些树的树龄已超过800年。公园里的大鹦鹉是世界上仅有的高山鹦鹉，这里还有一种巨大的不会飞的南秧鸟，也属于稀有的濒危品种。
57	堪察加火山（俄罗斯）	(vii)(viii)(ix)(x)	3 830 200 0~4 688	Kamchatkan(2.7.5)	北纬56°19' 东经158°30'	是世界上最著名的火山区之一，拥有高密度的活火山，且类型和特征各不相同。活火山与冰河相互作用造就了这里独特的生气和美景。景区内物种丰富，除世界现存的最大鲑鱼群外，还集中了罕见的海獭、棕熊和鱼鹰。
58	贝加尔湖（俄罗斯）	(vii)(viii)(ix)(x)	8 800 000 1 182~2 840	贝加尔湖(2.44.14)	北纬51°27'~55°46' 东经103°43'~109°56'	坐落在俄罗斯境内西伯利亚东部，是世界历史最悠久且最深的湖泊。拥有地表水不冻淡水资源的20%。悠久的年代和人迹罕见，使它成为世界上种类最多和最稀有淡水动物群出发的地区之一，而这一动物群对于进化科学具有不可估量的价值。
59	西高加索山（俄罗斯）	(ix)(x)	298 903 250~3 360	高加索-伊朗山地(2.34.12)	北纬43°30'~44°08' 东经39°53'~40°48'	在高加索山脉的最西端，位于黑海东北50 km处，占地多于275 000 hm²，是欧洲尚未受到人类干扰的少有的几座大山之一。其高山带的高山草原牧草只有野生动物食用。从山下一直延伸到亚高山地带未遭破坏的广阔的山区森林在欧洲也是罕见的。该地区拥有的大量本地植物和野生动物，显示了其生态系统的多样性。这里也是山区亚种欧洲野牛的起源地和重新引进之地。
60	黄石国家公园（美国）	(vii)(viii)(ix)(x)	898 349 1 610~3 462	落基山脉(1.19.12)	北纬44°08'~45°07' 西经109°10'~111°10'	拥有已知地球地热资源种类的一半，共有10 000多处，还是世界上间歇泉最集中的地方，共有300多处，约占地球总数的2/3。建于1872年，因其稀有性而闻名于世，其中包括灰熊、狼、野牛和麋鹿等。

续表

序号	名称（国家）	标准	面积/hm² 和海拔/m	生物地理省	经纬度	主要特征
61	大峡谷国家公园（美国）	(vii)(viii)(ix)(x)	493 077 518~2 708	落基山脉 (1.19.12)	北纬35°43'~36°45' 西经111°36'~113°56'	著名的科罗拉多大峡谷深约1 500 m，由科罗拉多河长年侵蚀而成，是世界上最为壮观的峡谷之一。位于亚利桑那州境内，峡谷的水平层次结构展示了20亿年来地球的地质学变迁，也保留了大量人类适应当时恶劣环境的遗迹。
62	大雾山国家公园（美国）	(vii)(viii)(ix)(x)	209 000 258~2 024	东部森林 (1.5.5)	北纬35°26'~35°47' 西经83°05'~84°00'	占地20万hm²，园内生长有3 500多种植物，其中树木约130种，这个个数目与整个欧洲的树木种类基本持平。还有许多濒危动物，其中峨嵋冷杉种类是世界上最多的。公园基本未受到人类破坏，在这里可以看到未受人类影响的温带植物的生长情况。
63	云南三江并流保护区（中国）	(vii)(viii)(ix)(x)	1 700 000 760~6 740	四川山地 (2.39.12)	北纬29°00'~25°30' 东经98°15'~100°20'	由8个地理集群组成，具有地域特征的亚洲大江上游的3条河流：长江（金沙江）、澜沧河和萨尔温江流向大致平行，从北向南，途径3 000 m深的陡峭峡谷和海拔高于6 000 m的冰山雪峰。这里是中国生物多样性最丰富的区域，也是世界温带生物多样性最富的区域之一。
64	乌布苏盆地（俄罗斯蒙古）	(ix)(x)	898 064 759~4 116	蒙古-中国东北草原 (2.30.11) 阿尔泰山地 (2.35.11)	北纬49°46'~50°40' 东经90°12'~95°38'	是中亚最北部的封闭性盆地，得名于乌布苏湖。乌布苏湖是一个巨大的浅咸水湖，是候鸟、水鸟和海鸟的重要栖息地。西伯利亚大草原生态系统为各种各样的鸟类提供了栖息地。沙漠里生活着许多珍稀动物，如沙鼠、跳鼠和斑纹臭鼬，山区则是一些世界濒危动物的避难所，如雪豹、高山山羊（盘羊）和亚洲野山羊。
65	弗洛勒尔角（南非）	(ix)(x)	553 000 0~2 077	开普硬叶林 (3.11.6)	南纬32°36'~34°22' 西经18°28'~24°50'	是南非开普省的一处系列遗址。这个不到全非洲面积0.5%的地方却是全非洲将近20%植物的种植区。展现了弗洛勒尔角地区与高山硬叶植物有关的生态和生物进化进程。其突出的植被多样性、密度和地方特殊性在全世界范围内都是独一无二的。

注：资料表源为 http://whc.unesco.org/en/list

高山草甸，生物生态方面的优势在于它是众多动物的栖息地（如大灰熊、北美驯鹿和大角羊），其植被垂直带谱以针叶林为基带。

(2) 堪察加火山

主要特色为具有火山，有 800 多种维束管植物，主要优势树种为白桦、云杉、落叶松等针叶林及白杨、桤木和柳树等阔叶林。

(3) 蒂瓦希普纳姆 – 新西兰西南部地区

位于新西兰西部，属于南半球温带气候区，最高海拔为 3764 m。植被以高山灌丛为主，还包括温带雨林、落叶阔叶林及亚高山灌丛、草甸和高山草甸。遗产地面积的 2/3 被山毛榉树和罗汉松覆盖，是一度被认为已绝迹的短翅水鸡（*Notornis mantelli*）的仅有几处栖息地之一，遗产地的大鹦鹉是世界上仅有的高山鹦鹉。

(4) 大峡谷国家公园

以壮观的大峡谷地貌闻名，有 1000 多种维管束植物，76 种哺乳动物，299 种鸟类和 41 种爬行动物。

(5) 黄石国家公园

分布于北温带地区，以间歇泉闻名，同时以拥有大量的野生动物闻名，其中包括灰熊、狼、野牛和麋鹿等，拥有 1100 种维管束植物。

(6) 大雾山国家公园

最高海拔为 2024 m，山体上部分布着以加拿大冷杉和云杉为主的针叶林，中下部为高大的栎树、松树、铁杉混杂的阔叶林。由于没有常绿建群种，因此缺少常绿阔叶林和常绿阔叶落叶混交林。大雾山拥有 1300 种本土维管束植物，其中有 105 种本土木本维管束植物，共有木本植物 230 种、珍稀濒危植物 120 种、鸟类 200 种。

(7) 西高加索山

位于北温带，垂直带谱的基带为落叶阔叶林，拥有丰富的物种多样性，包括 1580 种维管束植物，其中 1/5 的物种为地方特有种，有 384 种脊椎动物和 2500 种昆虫。

(8) 弗洛勒尔角

位于南半球温带气候区，弗洛勒尔角海拔为 2077 m，拥有 8996 种维管束植物，最典型的植被类型是灌木林，灌木树种占整个弗洛勒尔角物种丰富度的 80%；常绿林仅零星分布。垂直自然带不包括常绿落叶阔叶混交林。

(9) 塔斯马尼亚荒原

位于南半球温带气候区，是世界上仅有的几个大规模的温带雨林之一，拥有 1890 种维管束植物。其动物区系，含有很高比例的特有种和孑遗种。

(10) 乌布苏湖盆地

分布于温带草原气候带，主要包括草原、湖泊和沙漠生态系统。

(11) 贝加尔湖

主要为湖泊生态系统，物种多样性主要体现为淡水动物的多样性。

(12) 云南三江并流保护区

属于山地混交林生物地理省，拥有 6000 种植物，173 种哺乳动物，417 种鸟类。云南三江并流保护区以常绿阔叶林为主，属西部亚热带，受印度洋气流影响。

与已列入《世界遗产名录》的 12 项山岳遗产相比，湖北神农架自然遗产地在生态系统类型、生物多样性、生物地理区系和垂直自然带谱等方面明显与其不同。遗产地与乌布苏湖盆地和贝加尔湖遗产地具有不同的生态系统类型；主要植被类型与云南三江并流保护区不同。遗产地拥有比其他遗产地（如堪察加火山、大峡谷国家公园、黄石国家公园、西高加索山、大雾山国家公园、塔斯马尼亚荒原）更丰富的物种多样性，比其他遗产地（如克卢恩/兰格尔-圣伊莱亚斯/冰川湾/塔琴希尼-阿尔塞克、蒂瓦希普纳姆-新西兰西南部地区、大雾山国家公园、西高加索山、弗洛勒尔角）拥有更完整的以常绿阔叶林为基带的垂直自然带谱，是其他山岳遗产不可替代的。

7.4.2 与同一生物地理省的世界自然遗产地对比

根据 Udvardy 生物地理区划，不同的生物地理省代表不同的生态过程和生物多样性特征，相互不可替代。湖北神农架自然遗产地地处古北界的东方落叶林生物地理省。目前，该省共有 8 项世界自然遗产（表 7.2），其中三清山国家公园、九寨沟风景名胜区、武陵源风景名胜区、黄龙风景名胜区、中国丹霞和泰山 6 项自然遗产其遗产标准均为美学或地质标准，与神农架自然遗产地所依据的生物生态学和栖息地标准不同，不具有可比性。

黄山是文化和自然双遗产，其中自然遗产价值满足标准 x。黄山位于亚热带常绿阔叶林区域，基岩为花岗岩，最高海拔为 1864 m，垂直自然带包括次生常绿阔叶林带、常绿落叶阔叶林带、落叶林带和针叶林带 4 个带。有维管束植物 1102 种，黄山特有 19 种；脊椎动物 300 种。

白神山以满足第 X 条标准入选自然遗产，面积为 16 971 hm^2，缓冲区为 6800 hm^2。白神山位于日本本州岛北部，受海洋性温带季风气候控制，属温带阔叶林区域，基岩为花岗岩，最高海拔为 1243 m。植被以原生寒温带山毛榉林为主，有维管束植物 500 种，鸟类 87 种，昆虫 2212 种。

湖北神农架自然遗产地地处亚热带季风气候区，垂直高差达 2706.2 m，地带性植被为亚热带常绿落叶阔叶混交林。拥有自下而上依次为常绿阔叶林、常绿落叶阔叶混交林、落叶阔叶林、针阔混交林、针叶林和亚高山灌丛、草甸的垂直自然带谱。遗产地有 3767 种高等植物，874 种落叶木本植物，87 种哺乳动物，399 种鸟类，53 种爬行动物及 4365 种昆虫；其中珍稀濒危植物 234 种、珍稀濒危动物 130 种。

湖北神农架自然遗产地在气候带、地带性植被类型、生物多样性、垂直自然带谱等方面明显不同于同一生物地理省的黄山和白神山。遗产地与白神山所处的气候带不同；地带性植被类型与黄山和白神山不同。遗产地生物多样性非常丰富，且垂直自然带谱更为完整。因此，湖北神农架自然遗产地在东方落叶林生物地理省具有不可替代性。

7.4.3 与同一生物地理省列入预备清单的遗产地对比

目前，东方落叶林生物地理省中列入自然遗产预备清单的提名地共有 6 项（表 7.3）。

长江三峡风景名胜区主要在文化与美学方面体现价值，有维管束植物

表 7.2 与湖北神农架自然遗产地对比的同属东方落叶林生物地理省的自然遗产地

序号	名称	满足标准	重要的生物生态学特征（标准 ix）	生物多样性和栖息地保护特征（标准 x）
1	三清山国家公园	(vii)	NA	NA
2	九寨沟风景名胜区	(vii)	NA	NA
3	武陵源风景名胜区	(vii)	NA	NA
4	黄龙风景名胜区	(vii)	NA	NA
5	中国丹霞	(vii) (viii)	NA	NA
6	泰山	(i)(ii)(iii)(iv)(v)(vi)(vii)	NA	NA
7	黄山	(ii)(vii)(x)	黄山分布有大量的国家或地方特有植物，其中部分为全球濒危植物。濒危物种包括13种蕨类植物和6种高等植物。300种脊椎动物。	黄山分布有大量的国家或地方特有植物，其中部分为全球濒危物种。包括中国 1/3 的苔藓植物和 1/2 的蕨类植物。
8	白神山地	(ix)	白神山被以山毛榉为优势的植被所覆盖。覆盖约 1/3 的白神山为第四纪冰川遗留下来的原始顶级森林。白神山为面积最大的曾经覆盖日本北部寒温带山毛榉林的现存地。	NA

NA：表示不符合

7 全球突出普遍价值

表 7.3 与湖北神农架同属东方落叶林生物地理省的世界自然遗产预备清单保护地

序号	名称	国家	满足标准	面积 /hm² 和海拔 /m	经纬度	生物多样性和栖息地保护特征（标准 x）
1	鄱阳湖自然保护区	中国	(x)	384 100 16.5	北纬 28°25′~29°45′ 东经 115°47′~116°44′	是中国最大的淡水湖，是白鹤等珍稀水禽及珍稀林鸟类的重要栖息地和越冬地，为世界上最著名的白鹤种群，世界上最有名的白鹤种群之一。这里有世界上数量最多的白鹤种群，150 种鸟类中，许多属于世界保护的稀有鸟类供给 20 种稀有鸟类频繁栖息于此。
2	扬子鳄自然保护区	中国	(x)	443 00 20~100	北纬 30°18′~31°18′ 东经 118°31′~119°35′	扬子鳄是中国特有的一种鳄鱼，现存最古老的爬行动物，世界上短吻鳄科仅存的两种之一，数量极少。扬子鳄自然保护区为扬子鳄提供了适宜的生存环境。目前，超过 1 000 只扬子鳄在这里繁殖栖息。
3	长江三峡风景胜区	中国	(vii) (vi)	120 800	北纬 30°45′~31°2′ 东经 109°34′~110°12′	以险峻称的峡谷、变幻的水势，以及丰富而悠久的历史文化著称。同时，有丰富的生物多样性，维管束植物 166 科 2 093 种、570 种脊椎动物，其中 69 种兽类、124 种鸟类等。
4	雁荡山 楠溪江	中国	(viii) (vii) (vi)	雁荡山核心区 18 600 1056	北纬 28°22′ 东经 121°04′	雁荡山是一座白垩纪火山立体全型火山（岩）带中具普遍性与代表性，是在西太平洋亚洲大陆边缘巨型火山（岩）带中具普遍性与代表性，是研究大陆边缘岩浆作用深部地质过程的天然场所。楠溪江为树状水系，干流全长 145 km，流经雁荡山东部，呈典型河谷地貌景观，有台湾水青冈、华西枫杨等多种保护珍贵树种。
5	金刚山历史遗迹	朝鲜	(vii) (vi) (x)	主峰海拔 1 638	北纬 38°37′ 东经 126°04′	朝韩交界，群峰峭立，相传有 1.2 万个峰，以奇岩怪石、万物相最为壮观。众瀑飞泻，森林郁郁。保存有专庙、石塔等众多历史文物遗迹，130 种鸟类。以针阔叶混交林为主，2256 种维管束植物，38 种兽类，130 种鸟类，9 种爬行类，10 种两栖类和 30 种鱼类。
6	雪岳山自然保护区	韩国	(vii) (x) (viii)	16 360 最高峰 1 708	北纬 38° 05′~38° 12′ 东经 128° 18′~128° 30′	拥有壮观山脊山丘，以地地特征称奇。同时，保留有专庙等众多历史文化遗迹。822 种维管束植物，50 种鸟类哺乳动物，特别是一些濒危物种和珍稀鱼类栖息于此。

注：资料来源为 http://whc.unesco.org/en/tentativelists/

2093种，脊椎动物570种；雁荡山楠溪江的主要价值在文化、美学和地质方面，有种子植物1248种；雪岳山自然保护区以美学、地质和栖息地为申报标准，最高海拔为1708 m，植被以针阔叶混交林为主，有822种维管束植物；金刚山历史遗迹主要突出文化、自然美景和栖息地，最高海拔为1638 m，植被以针阔混交林为主，有维管束植物2256种；鄱阳湖自然保护区主要为平原湿地型鸟类栖息地，保护对象为鸟类和水生动植物；扬子鳄自然保护区主要为平原丘陵湿地型扬子鳄栖息地，生境类型主要为水库、塘。

湖北神农架自然遗产地的突出普遍价值体现在栖息地和生物生态过程方面，在主要生态系统类型、地带性植被类型、生物多样性、垂直自然带谱、保护对象等方面明显不同于处于同一生物地理省的这6项预备提名地。神农架自然遗产地在满足标准方面与长江三峡风景名胜区和雁荡山楠溪江不同；在主要生态系统类型上，神农架自然遗产地以森林生态系统为主，而鄱阳湖自然保护区和扬子鳄自然保护区以湿地生态系统为主；在地带性植被类型上，神农架自然遗产地与雪岳山和金刚山不同；神农架自然遗产地的生物多样性非常丰富，垂直自然带谱完整，以生物多样性及生态过程为主要保护对象，而鄱阳湖自然保护区的保护重点是鸟类及其栖息地，扬子鳄自然保护区的保护重点是扬子鳄及其栖息地。综合对比分析结果，神农架自然遗产地在东方落叶林生物地理省具有不可替代性。

7.4.4　对比分析综合结论

经与列入世界遗产名录的山岳遗产、处于同一生物地理省的世界自然遗产及列入预备清单的提名遗产地对比，湖北神农架自然遗产地在生物多样性、生物地理区系、垂直自然带谱和生物生态学过程方面明显不同。根据上述对比分析可知，湖北神农架自然遗产地在全球范围内具有以下独特性。

（1）拥有显著的生物多样性和大量古老、濒危、特有物种，是众多模式标本产地，是全球落叶木本植物最丰富的地区，具有突出普遍的保护价值和科学价值。

（2）是北半球常绿落叶阔叶混交林生态系统的最典型代表，拥有东方落叶林生物地理省最完整的垂直带谱，是研究全球气候变化下山地森林生态系统生态学过程和垂直分异规律的理想之地。

（3）是世界温带植物区系的集中发源地，其地带性植被及生物区系的温性化演变是东方落叶林生物地理省生物生态演化的杰出代表。

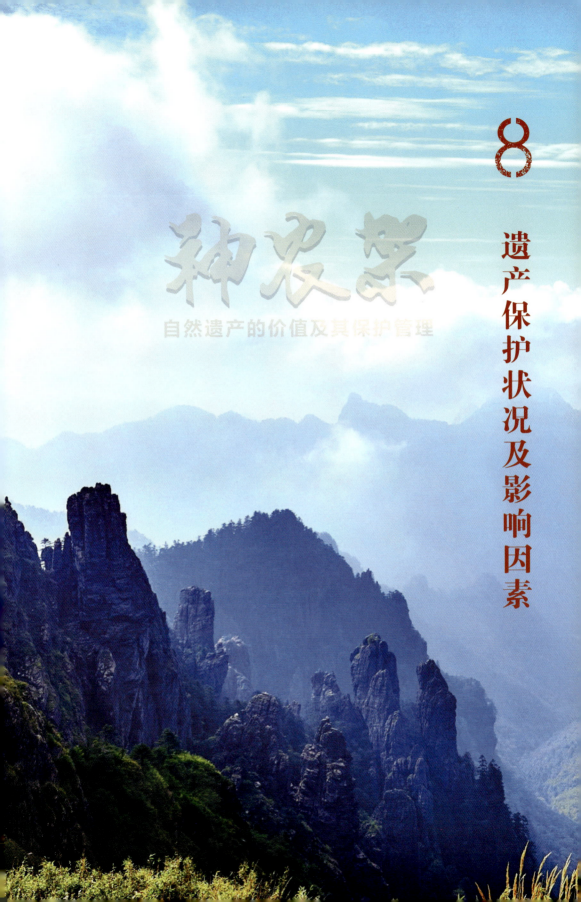

8 遗产保护状况及影响因素

神农架
自然遗产的价值及其保护管理

8.1 目前保护状况

受地势险峻、原始植被覆盖和交通封闭等因素的影响，神农架自然遗产地人口密度小，相对封闭的环境为其提供了天然屏障，使生物多样性得到很好的保护。

(1) 湖北神农架自然遗产地属于国家级和省级保护地，受到国家法律法规的保护。

神农架自然遗产地具有不同的保护属性，分别为国家级自然保护区、省级自然保护区和风景名胜区、世界地质公园等。1982年经湖北省人民政府批准建立神农架保护区，1986年经国务院批准其为国家级森林和野生动物类型自然保护区，1990年加入联合国教科文组织（UNESCO）世界生物圈保护区网，1995年成为全球环境基金（GEF）资助的中国首批10个自然保护区之一，2005年国土资源部批准神农架成为国家地质公园，2006年成为国家林业系统首批示范保护区。神农架自然遗产地具有不同的保护属性，相应受到《中华人民共和国宪法》《中华人民共和国森林法》《中华人民共和国环境保护法》《中华人民共和国自然保护区条例》《中华人民共和国风景名胜区条例》和《湖北神农架世界自然遗产提名地保护条例》等法律法规的保护（图8.1）。

(2) 湖北神农架自然遗产地建立了完善的管理体制和管理机构，具有充足的人员和资金。遗产地建立了国家、湖北省、神农架林区和巴东县政府和遗产地四级管理体系，政府设立了自然保护区管理局、风景名胜区管理委员会、世界地质公园管理局作为派出机构，在遗产地行使政府的管理权限和职能，对自然遗产资源实施统一管理，遗产地的保护管理工作在人力、物力和财力等方面得到了有效保障。

(3) 湖北神农架自然遗产地编制了管理规划，划定了明确的实地边界，并建立了相应的监测体系。遗产地先后编制了《湖北神农架国家级自然保护区总体规划》《湖北神农架国家级自然保护区管理计划》《巴东金丝猴国家级保护区总体规划（2013-2022）》《湖北神农架国家地质公园规划》《神农架国家森林公园总体规划》和《湖北神农架国家级自然保护区生态旅游规划》等保护性技术文件，划定了明确的保护范围，并标立了桩界。为进一步严格保护和合理利用自然遗产资源，遗产地编制了《湖北神农架世界自然提名遗产地保护与管理规划》，确定了遗产地保护管理的总体目标，划分了合理的

8 遗产保护状况及影响因素

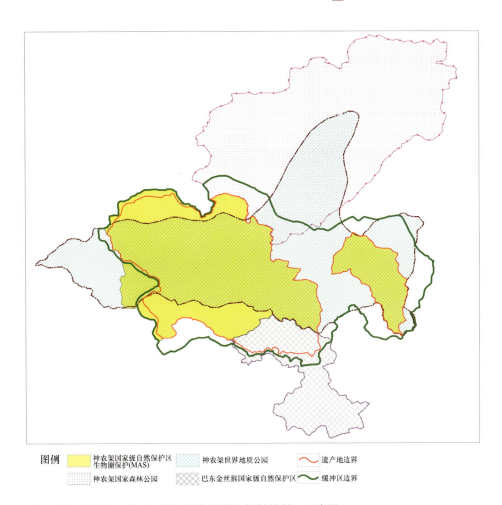

图例　■ 神农架国家级自然保护区 生物圈保护(MAS)　▨ 神农架世界地质公园　～ 遗产地边界
　　　▨ 神农架国家森林公园　▨ 巴东金丝猴国家级自然保护区　— 缓冲区边界

▲ 图 8.1　湖北神农架自然遗产地与其他保护地的关系示意图

保护分区，依据遗产价值的重要性实施分级保护，提出了详尽的监测体系和保护管理措施。

（4）神农架自然遗产地原住民具有保护自然的传统。当地原住民（包括土家族、苗族、侗族等少数民族）的风俗文化、宗教信仰均尊重自然，认为自然界中的万物都是有灵的，神山、古木神圣不可侵犯，动物不能随意猎取，一旦犯忌，便要遭到惩罚。加之人们较多信仰佛、道教，不仅有不杀生的信念，而且有放生的习俗。这些都是民间原始环保意识的体现。原住民为确保自身生存，保持着珍惜自然、保护环境的优良传统。

（5）湖北神农架自然遗产地物种、群落和生态系统多样性现状。遗产地目前记录的动植物有近9000种。其中，濒危动物川金丝猴现有8群约1550只，生活在海拔1600~3000 m的落叶阔叶林、针阔混交林和针叶林生态系统中。在遗产地的九冲河、马家沟等地聚集分布有巴东木莲、红豆杉等珍稀濒危植物种群。遗产地的阴峪河等地有大面积的无人区，分布的原始森林面积为14 947 hm^2，保存了状态完好的北亚热带各类型生态系统。

总体而言，遗产地由于地势险峻，交通封闭，核心区域只有少量人为活动，较好地保持了原始的自然状态。加之有健全的法律保障、科学的保护规划、高效的管理机制，遗产地的生态系统、垂直自然带谱、生物多样性及其栖息地与地貌景观等遗产资源得以完整保存。遗产地的完整性和突出普遍价值得到完好保持。

8.2 遗产地影响因素

湖北神农架自然遗产地总面积为73 318 hm^2，遗产地内有6999名原住民，人口密度为10.4人/km^2，少于25人/km^2（国际标准1~25人/km^{2}为人口稀少区），为人口稀少区。人口主要分布于遗产地西北部的东溪村、青树村、黄柏阡村和南部坪堑村、板桥河村、兴隆寺村和金甲坪村（图8.2）。1/3的原住民外出务工，1/3从事森林管护，由政府发放补贴，1/3主要从事林茶业、养蜂业等农业活动。遗产地缓冲区总面积为41 536 hm^2，有7388名原住民，人口密度为18.5人/km^2，为人口稀少区。大部分分布于木鱼镇（图8.2），主要从事林茶业、养蜂业和旅游服务业等活动。

湖北神农架自然遗产地之前曾进行过森林采伐。保护区建立后，全面停止了采伐，并开始依据不同海拔、立地条件，采用不同的措施进行植被恢复。神农架旅游资源非常丰富，每年旅游人数已经达到52.2万人次，旅游活动主要集中于7~10月的旅游旺季。遗产地周边旅游业和林茶业的发展，给湖北神农架自然遗产地生态环境和生物多样性保护带来了潜在威胁。

目前，影响遗产地的因素主要有发展压力、环境压力和自然灾害。

8.2.1 发展压力

遗产地内没有工矿企业和水利工程，但旅游业的发展给遗产地和缓冲区的自然资源和生态环境保护带来了较大压力。2013年接待量为52.2万人次，

8 遗产保护状况及影响因素

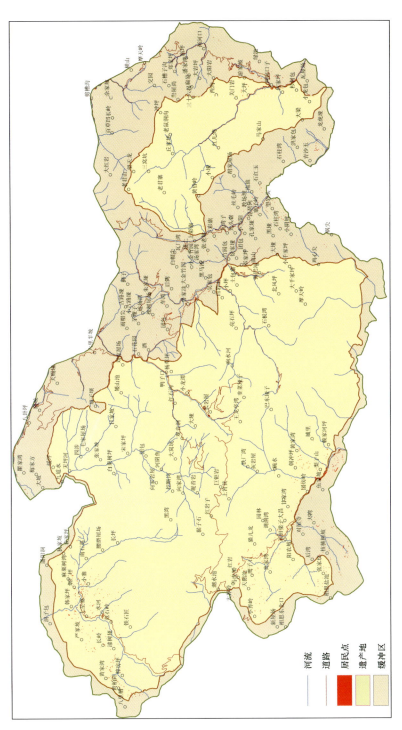

▲ 图 8.2 湖北神农架自然遗产地及缓冲区原住民分布示意图

成为世界自然遗产地后，吸引了更多的游客。按照近 10 年来平均年增长 14% 的增长率推算，到 2018 年游客数量将达到 100 万，给遗产地管理造成了较大的压力。

8.2.2 环境压力

湖北神农架自然遗产地至今未受外来物种入侵，但林业有害生物局部影响到遗产地的植被和生态系统。随着旅游业的发展，游客人数的增加，外来物种入侵、噪声干扰、垃圾污染、水污染等给遗产地带来环境压力。

8.2.3 自然灾害

影响遗产地价值要素的主要自然灾害有地质灾害（如崩塌、滑坡、泥石流）、冰冻雪灾、森林火灾、林业有害生物等。

神农架河床落差大，降水强度大，易发生山洪。暴雨的破坏力极大，且遗产地地质以板岩、页岩为主，容易崩塌，容易引起道路冲毁、山体滑坡等。

遗产地受冷暖气流交汇的影响，暴雪和冰冻灾害经常发生，影响生态系统的稳定性，也造成栖息地内的动物如金丝猴等季节性食物短缺、生病死亡等。

随着全球气候变暖，遗产地森林火灾隐患加剧，林业有害生物局部发生。

9 遗产地保护与管理规划

神农架
自然遗产的价值及其保护管理

9.1 保护内容

遗产地已制定的相关规划从不同角度和层面对遗产地保护与管理提出了具体要求，针对遗产地内各遗产价值构成要素提出以下保护内容。

9.1.1 神农架遗产地东西两片连通

(1) 东西两片连通的可行性

由于历史上的人类活动，神农架自然遗产地由互不相连的东西两片组成，最近间隔为 3.0 km，最远为 13.4 km，并有 209 国道穿越中间的缓冲区。该缓冲区面积为 232 km^2，海拔范围为 740~2900 m。

近年来天然林保护、退耕还林等工程实施后，缓冲区的生态环境得到有效保护与恢复。缓冲区植被类型和生态系统丰富多样，植被覆盖率高达 95%（图 9.1）。这为东西两片连通提供了优质的自然本底。

1) 具有满足廊道建设的基础条件

建立生态廊道是促进破碎景观连通的重要措施。廊道宽度决定其生态功能的发挥，一般根据最大目标物种迁移特征划定廊道宽度（Rosenberg et al., 1997; Chetkiewicz et al., 2006）。当廊道宽度大于最大目标物种迁移的最小宽度需求时，其他物种及相应的生态功能也能得以实现（Tewksbury et al., 2002; Levey et al., 2005）。科学研究表明，当廊道宽度大于 1.2 km 可基本满足一般大中型兽类通过（朱强等, 2005; Silveira et al. 2014）。为最大程度促进生物交流，常用最大物种的最小活动宽度设定廊道的最小宽度，即行动圈直径。

神农架自然遗产地内的最大动物是亚洲黑熊，其核心家域面积为 1.4 km^2（Hazumi and Maruyama, 1986; Trent, 2010），以此为行动圈面积，直径为 1332 m。神农架自然遗产地东西两片间缓冲区的北部和南部区域人为干扰极少，植被覆盖率超过 95%，生境质量完好（图 9.1），连续分布有天然植被的区段的最窄宽度分别达 2.5 km 和 1.4 km，均满足廊道建设的最小宽度需求。其中，南部区域含有一小流域，廊道建设应以包括该小流域为宜（Forman and Alexander, 1993; 朱强等, 2005），以最大限度满足中低海拔水

9 遗产地保护与管理规划

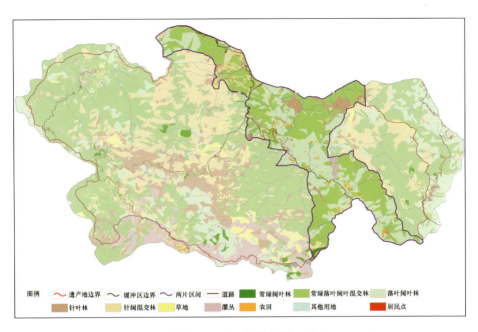

▲ 图9.1 湖北神农架自然遗产地东西两片区间的植被示意图

生生物和两栖动物迁移与效率的需求，虽流域内植被并非完全连续分布，有少量居民点（31户）和耕地（0.12 km², 占整个流域面积的0.34%），但生境质量仍很高，通过移民搬迁、植被恢复、自然封育等手段可使其到达廊道建设的需求，具备进一步拓宽廊道的可行性。

2) 具有满足踏脚石建设的基础条件

踏脚石是促进破碎景观连通的辅助措施，其面积和间距是踏脚石功能发挥的关键要素。踏脚石的面积必须大于最大目标物种短暂休憩所需的最小面积，常用最大目标物种的核心家域大小确定踏脚石的最小面积。踏脚石间距是指相邻踏脚石间或者其与保护地间的距离，由最小的生境专性物种的日移动距离确定（Hill et al., 1993）。

神农架自然遗产地内最大动物亚洲黑熊的核心家域面积为1.4 km² （Hazumi and Maruyama, 1986；Trent, 2010），是踏脚石面积的低限。东西两片间缓冲区海拔为740~2900 m，通过该海拔段迁移的生境专性物种主要是大中型兽类，黄喉貂是其中的最小物种，其日移动距离中值为2051 m （Grassman et al., 2005），是踏脚石间距的最大限值。神农架自然遗产地东西两片间缓冲区的中部区域，植被覆盖率达 93%，尽管有小斑块状农田和居民点分布，但仍以天然林生境斑块为主。其中，多个生境斑块的面积大于 1.5 km²，无居民点和农田分布其中，相邻间距小于 1 km（图 9.1），满足踏脚石建设的最小面积和最大间距需求。

3）通道建设与护栏拆除并举，消除 209 国道的阻隔

通道（包括上跨式和下钻式）是消除道路阻隔效应的重要方式。上跨式通道多设于"U"形地段，适合陆栖动物和部分两栖类动物通过；下钻式通道多建于湿地、溪流区域，适合水生动物、两栖类动物和部分陆栖动物通过（Beckmann et al.，2010）。

神农架自然遗产地东西两片间的 209 国道长 32.2 km，宽 10 m，设置有护栏，对野生生物交流有一定阻隔作用。多数路段两侧生境良好，有较高天然植被覆盖，适合通过拆除护栏方便动物穿越；在拟建南、北两条廊道与 209 国道交叠的"U"形地段，适于建设上跨式通道，最大限度满足陆栖动物和部分两栖动物的迁移与交流；在公路跨越溪流处，已建有下钻式通道 7 座，满足水生动物、两栖类动物、部分陆栖动物的通过与交流。

(2) 东西两片的连通

在分析东西两片间缓冲区本底现状和目标类群需求的基础上，遵循"廊道为主、踏脚石为辅"和"通道建设与护栏拆除并举"的原则，构建"廊道—踏脚石—通道"连通生境的镶嵌式格局，实现神农架自然遗产地东西两片间野生动植物的交流和生态系统功能的连通。在东西两片间缓冲区的南部和北部各建廊道 1 条，在两条廊道之间的地带建踏脚石 4 处，拆除 209 国道护栏 30% 以上，在每条廊道内建 2 座上跨式通道，结合已有的 7 座下钻式通道，保证神农架自然遗产地东西两片的互连互通（图 9.2）。

1) 廊道建设

北部拟建廊道长度为 12 km，最大宽度为 4.6 km，最小宽度为 2.5 km，总面积为 51.37 km²，海拔范围为 1700~2900 m，廊道内天然植被覆盖率达 98%。廊道建成后可有效满足活动于中高海拔动物的交流与生态功能的连接。

南部拟建廊道长度为 8.5 km，最大宽度为 5.3 km，最小宽度为 2.7 km，总面积为 35.86 km²，海拔范围为 900~2700 m，廊道内天然植被覆盖率达 97%。廊道建成后可有效满足活动于中低海拔动物的交流与生态功能的连接。

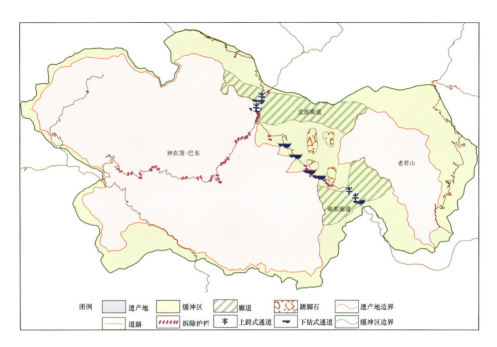

▲ 图9.2 湖北神农架自然遗产地西片神农顶－巴东和东片老君山连通方案

2）踏脚石建设

在两条廊道之间的地带拟建设 4 处踏脚石（图 9.2），面积分别是 3.45 km²、1.98 km²、1.85 km²、1.53 km²，相邻踏脚石的间距均小于 1 km。踏脚石建成后可满足动物利用两条廊道之间地带迁移与交流的需求。

3）通道建设

每条廊道内拟建上跨式通道 2 座，结合已有的 7 座下钻式通道（图 9.2），可以有效降低 209 国道的阻隔效应，促进东西两片的高效连通。此外，在神农架自然遗产地神农顶 - 巴东片的支线公路上拟建通道 2 座，减少对金丝猴种群迁移与交流的阻隔效应。上跨式通道设计宽度以为 60~80 m 为宜，基底铺设土壤厚度为 2.2~2.4 m，种植本土植物，培育形成郁闭度为 0.7~0.8 的森林植被。在通道两侧构筑有藤蔓植物覆盖的生态护坡墙，并树立"注意野生动物""前方有野生动物通道"等警示标志。已有的 7 座下钻式通道宽度为 25~60 m，并竖立有多处动物保护警示标志。

4）护栏拆除

护栏拆除主要根据以下原则：①廊道与国道交叠区和生境优质路段全

部拆除；②踏脚石辐射区部分拆除；③高强度人为干扰区不可拆除；④陡峭险峻区不可拆除。拟拆除穿越东西两片间缓冲区的 209 国道护栏 5 处、14.5 km，占此段道路总长的 45%。此外，在神农顶－巴东片，计划拆除 y002 乡道护栏 10 处、13.2 km，占此段道路总长的 30%（图 9.2）。考虑到春季繁殖季节和夜间是兽类和两栖、爬行动物迁移的高发季节和时段，护栏拆除路段限速 30 km/h。

9.1.2 川金丝猴的保护

湖北神农架是川金丝猴湖北亚种目前的唯一现存分布地。最新的调查数据显示，约有 8 群 1550 余只。其主要分布在金猴岭，大、小龙潭，大、小千家坪一带。统计显示，神农架川金丝猴主要分布区域为金猴岭片区（800 余只）和千家坪片区（约 400 只），而在白岩坡、板壁岩等次要分布区也有少量小群或个体活动（图 9.3）。

在川金丝猴的主要活动区内，大龙潭的旅游公路对其的移动与种间交流会产生一定的影响。为了便于金丝猴的通过与基因交流，规划建设金丝猴通道两座（图 9.2，图 9.3）。大龙潭的旅游公路总体在高山峡谷中穿行，为喀斯特地貌，设置下钻式通道挖掘的难度较大。考虑到路两侧的地质地貌特征，在大龙潭下侧 1 km 处和小龙潭上侧 1 km 处川金丝猴活动较为集中的区域建设 2 座上跨式通道（图 9.3，图 9.4）。同时，在局部路侧有下挖条件的平台或平地处可设计小型涵洞和增设涵洞，以满足两侧其他地栖动物迁徙的需要。

考虑到环境影响因素，目前 y002 乡道通行的车辆主要是旅游环保车及部分小型车辆，产生一定的噪声，因此在设计通道是将充分考虑通道宽度进行阻隔。

为了配合对自然遗产地的保护，可在通道上设计电子监测系统，确定通道的使用效率。在通道两侧设置栅栏，以诱导或引导动物到达通道入口；在通道位置前后设计标志牌、警示牌或减速标志、禁鸣标志等，提醒司机、乘客注意；教育游客不在通道周围进行人为活动，提高大众的动物保护意识；同时在法律上对捕杀动物、破坏动物通道的行为进行惩罚。

9.1.3 珍稀濒危植物的保护

遗产地珍稀濒危植物主要分布于干扰少的阴湿沟谷及特殊生境，集中分

9 遗产地保护与管理规划

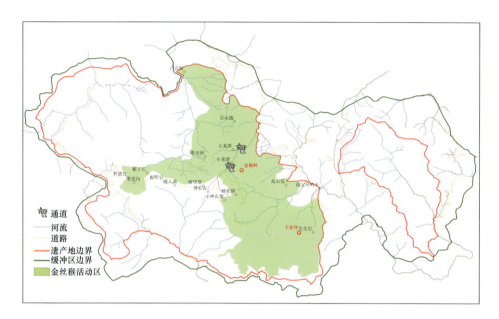

▲ 图 9.3 川金丝猴通道的位置示意图

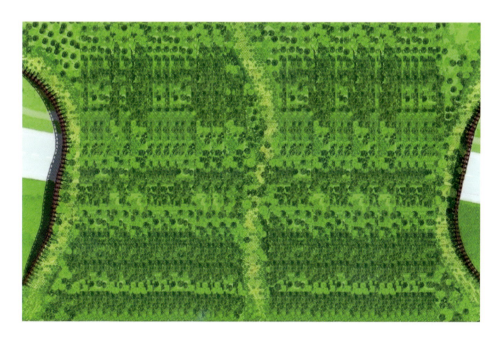

▲ 图 9.4 川金丝猴通道的结构示意图

布的海拔范围为 1000~1800 m，分布比较集中的地点主要有 6 处（图 3.1）。对珍稀濒危植物的保护措施主要有：在上述 6 处濒危植物分布较集中的区域进行珍稀濒危植物就地保护；通过适当的人为干预措施，提高濒危植物结实率，促进其种群更新与复壮；通过引种扩繁，在官门山珍稀濒危植物园进行濒危植物迁地保护；同时，加强对濒危植物生物与生态学特性的研究、实验与监测，为保护濒危植物提供理论依据和技术支持。

9.1.4　原始林的保护

原始林是指受人类活动干扰极少的成过熟林，基本保持了原始的自然环境。遗产地原始林保存了北亚热带许多濒危物种的重要栖息地，能够保证遗产地生态环境的完整性，使生物多样性得到最好的保护。而且，原始自然环境足以保障维系生态系统自然演化，并确保大范围自然区域内综合自然景观、生物生境区和珍稀濒危物种得到良好保护，有效保证了遗产地生态系统动植物群落演变、发展中的生物生态过程能够持续进行。遗产地人口分布稀少，保存有较为完好的原始林，面积为 17 365 hm^2，占遗产地总面积的 25.9%（图 6.2）。

对原始林的保护措施主要有：通过遥感影像监测原始林长期动态，科学评价保护管理成效；禁止砍伐，严格保护原始林分布区；定期、适时开展联防活动，防治偷砍、偷猎行为；强化森林防火防病巡查机制，健全预警和快速响应系统，预防自然灾害对原始林的破坏；同时在法律上对破坏原始森林的行为进行惩罚。

9.1.5　山地植被垂直带谱的保护

遗产地形成了从低海拔到高海拔完整的山地植被垂直带系统。遗产地对中国-喜马拉雅植物区系和中国-日本植物区系间群落的迁移、交流、混杂和演化具有极为重要的桥梁作用，在较小的水平距离范围内浓缩了亚热带、暖温带、温带和寒温带的生态系统特征，成为研究全球气候变化下山地生态系统垂直分异规律及其生态学过程的理想之地。

遗产地的山地植被垂直带谱分布比较集中和保存最为完好的有两个较大的区域，面积约为 20 760 hm^2，其中神农架南坡保存最好的垂直带谱在九冲河流域，神农架北坡保存最好的垂直带谱在阴峪河流域（图 9.5）。

9 遗产地保护与管理规划

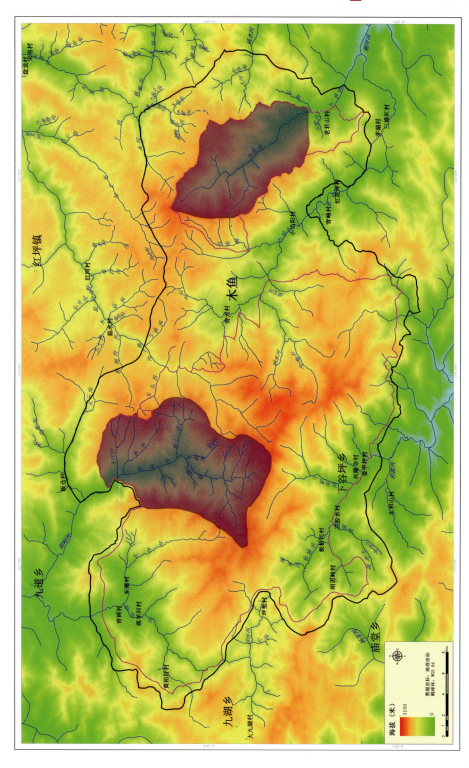

▲ 图9.5 湖北神农架自然遗产地垂直带谱集中分布区

135

对山地植被垂直带谱的保护措施主要有：在上述 2 处山地植被垂直带谱分布比较集中和保存最为完好的区域，设立长期监测固定样地，定期监测研究全球气候变化下山地生态系统垂直分异规律及其生态学过程；禁止砍伐，严格保护山地植被垂直带谱集中分布区，在法律上对破坏山地植被垂直带谱的行为进行惩罚。

9.1.6　常绿落叶阔叶混交林的保护

分布于遗产地海拔 1000~1700 m 的常绿落叶阔叶混交林，为北半球保存最为完好的常绿落叶阔叶混交林，典型代表并展示了常绿落叶阔叶混交林生态系统的生物生态学过程，成为连接暖温带落叶阔叶林和亚热带常绿阔叶林不可或缺的桥梁和纽带，使中国东部保存了从寒温带针叶林到热带雨林季雨林在地球上最完整的森林地带系列，成为北半球常绿落叶阔叶混交林生态系统的最典型代表。

遗产地有 3 个较大区域的常绿落叶阔叶混交林保存最为完好，总面积约为 4 250 hm^2，其中九冲河流域（图 9.6）的常绿落叶阔叶混交林主要树种组成为常绿成分的樟科樟属和落叶成分的壳斗科水青冈属，长坪河流域（图 9.6）分布的常绿落叶阔叶混交林主要树种组成为常绿成分的山茶科柃木属和落叶成分的桦木科鹅耳枥属，羊圈河流域（图 9.6）分布的常绿落叶阔叶混交林主要树种组成为常绿成分的樟科樟属、木姜子属和落叶成分的壳斗科水青冈属、栎属等。

对常绿落叶阔叶混交林的保护措施主要有：在上述 3 处常绿落叶阔叶混交林分布比较集中和保存最为完好的区域设立长期监测固定样地，定期监测常绿落叶阔叶混交林生态系统的生物生态学过程；禁止砍伐，严格保护常绿落叶阔叶混交林集中分布区，并在法律上对破坏常绿落叶阔叶混交林的行为进行惩罚。

9.2　分区管理

遗产地根据保护对象的状况、分布特征和可能受到的干扰程度，划分保护分区，以便协调处理不同地段保护培育、发展利用、经营管理的关系，建立相应的保护管理措施。湖北神农架自然遗产地的保护管理规划按照两个等级执行，即禁限区和展示区（图 9.7）。

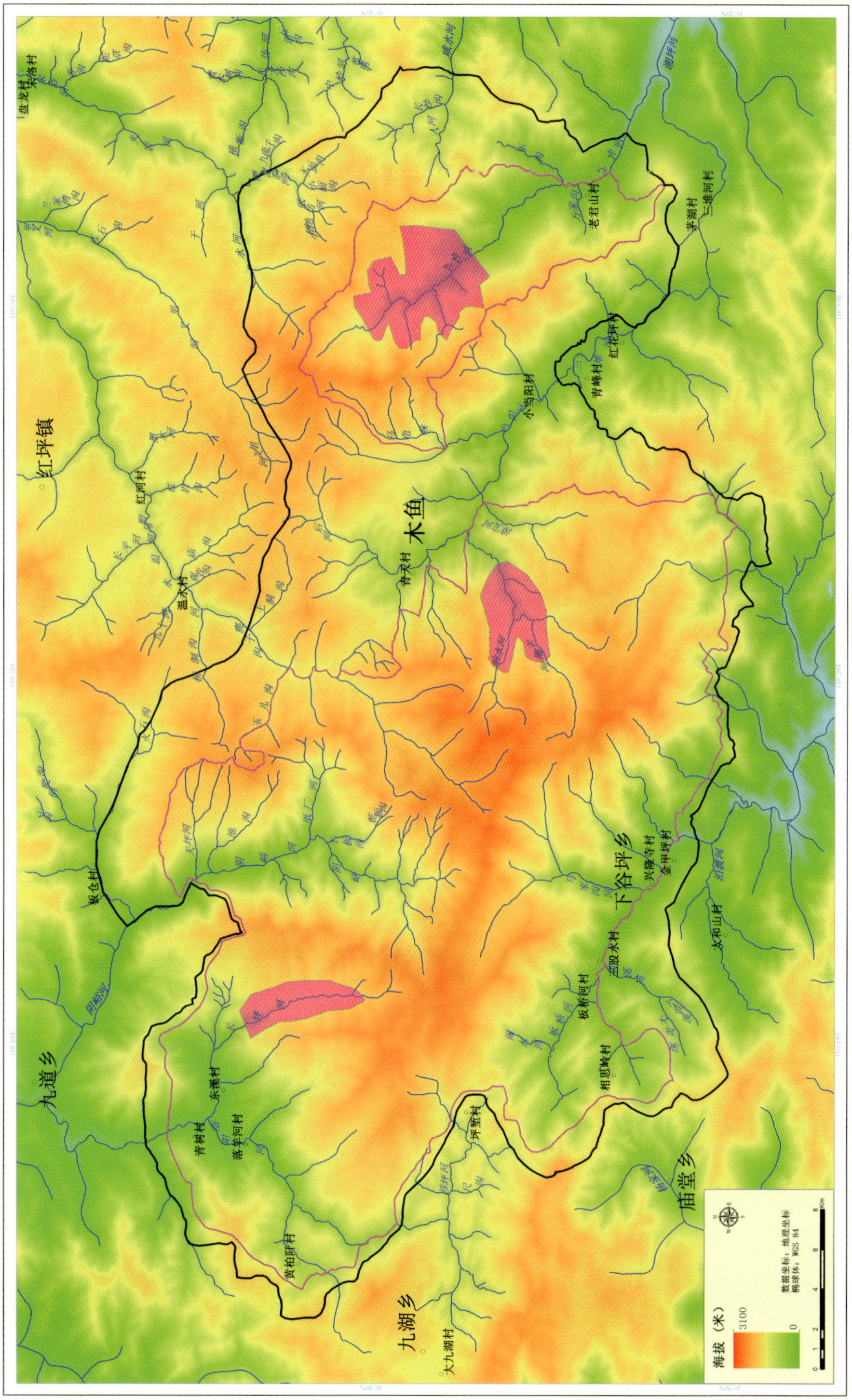

9 遗产地保护与管理规划

▲ 图 9.6 湖北神农架自然遗产地常绿落叶阔叶混交林集中分布区

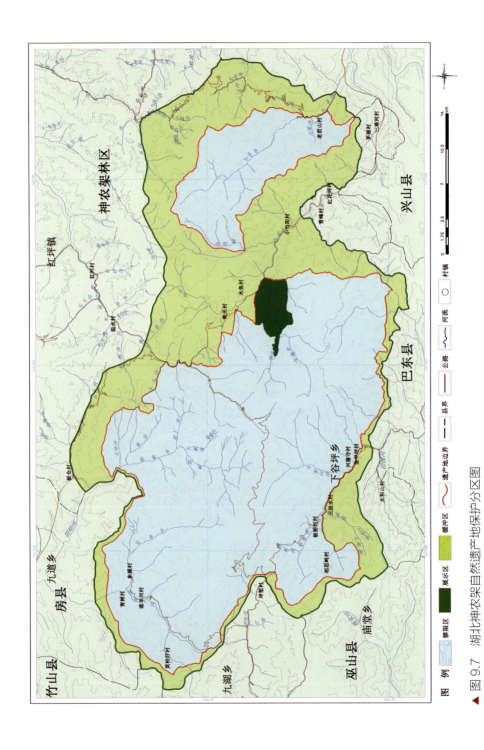

▲ 图9.7 湖北神农架自然遗产地保护分区图

9.2.1 禁限区

禁限区是反映自然遗产地突出普遍价值的核心区域，具有极高的生态价值和科研、教学价值，严格保护遗产地重要的珍稀濒危、特有物种及其栖息地、代表性生态系统及其自然演替的生态过程。禁限区内的生态系统与自然景观必须维持原始自然状态，可适当开展观光游览活动和科教旅游活动。

禁限区内禁止建设任何与当地环境不协调的建筑与构筑物。游览设施建设限于步行道、标识牌、环卫设施、科教点、休憩设施、结合保护点设立的简易服务点等，严禁在禁限区设立度假村、宾馆、招待所、培训中心、疗养院等大型服务设施，除总体规划确定的车行道外，严禁随意建设景区道路。区内不符合规划、未经批准及与资源保护无关的各项建筑物、构筑物和车行道，都应当限期进行整改，分别做出搬迁、拆除或改作他用的处理。加强禁限区的旅游与环境监测，以确保资源的永续利用。限制环保旅游区间车以外的机动车进入本区。

9.2.2 展示区

展示区可安置必需的游客服务设施与基础设施，是展示区内旅游活动就近补给服务的主要区域，限制与风景游赏无关的建设项目。本区内可根据旅游活动的需要开辟必要的景区车行道，但必须以景观冲击评价为依据，避免在可能带来较大景观冲击的高敏感部位切坡和建设。游览设施可开辟步行道、公厕、科教设施、小型服务点等。各种建设项目要与遗产地生态环境和景观相协调，禁建任何大型服务设施。

9.2.3 遗产地管理分区

为了使遗产地的保护管理工作纳入遗产地管理机构的有序管理工作体系，结合遗产地资源的分区保护要求，依据其现有的分区管理体系及分级管理现状，在遗产地分区内部设立相应的保护管理所，保护管理所下设保护管理站。保护管理所和保护管理站的设置必须能够控制所有的区域和路口，特别是能够控制进入禁限区的所有小路和山谷、溪流等出口。

遗产地保护管理所（站）主要根据管理分区和场所的保护层面、用地与交通条件及旅游服务设施的布局进行科学的建设。保护管理所主要是负责保护区域资源的完整性和真实性，执行监测、巡护、维护等职能，落实遗产地管理机构制定的各项保护措施。保护管理站是分散在遗产地内部的防火、防偷猎点位，也是生态监测、环境监测、保护观察点；同时，是负责为野外巡护人员提供补给与救助的场所。根据保护管理所和管理站的功能划分，结合遗产地的现有保护管理设施体系，在遗产地内共设 7 个保护管理所、15 个保护管理站（图 9.8）。

9.2.4 缓冲区

缓冲区是在遗产地外围起保护作用的过渡区域，以维持遗产地生态系统、生物多样性和自然景观的完整性。需要控制机动交通工具的进入量；控制民居规模，限制过度林茶业发展；全面实行生态恢复，防止水土流失，加强环境整治，禁止建设影响景观、污染环境、破坏生态的项目和设施。

(1) 缓冲区的作用与划定

缓冲区是为保护遗产地突出普遍价值而确定的外围保护地带，是隔离外来干扰的防护区域，目的在于使遗产地内生态环境免受人为不当活动干扰或恶意入侵，为遗产地内动植物生长繁殖提供足够的栖息空间外围生态环境，同时是遗产地自然生态保护区与外围区域的一个过渡或隔离地带。缓冲区作为一种将保护与适度发展相结合的区域，使得遗产地的资源环境保护呈多层渐变特征，使不同层次的资源受到不同程度的保护。

遗产地的紧邻区域都设有缓冲区，缓冲区的边界范围界定参照了以下的原则：第一，对遗产地具有缓冲作用的外围自然区域；第二，对遗产地景观具有衬托意义的前景区域，不包含潜在的大气和水污染源；第三，缓冲区保证有足够的宽度。湖北神农架自然遗产地的缓冲区总面积为 41 536 hm^2，缓冲区内常住居民 7388 人。目前游客基本上住在缓冲区内木鱼镇，总量尚在遗产地所能承受范围之内。遗产地的缓冲区实施了相应的保护措施，由政府财政给予保护补偿。

(2) 缓冲区的保护管理

一般情况下，缓冲区按照展示区的要求管理。加强缓冲区自然资源的管理，满足地方居民对自然资源的需求，减少对遗产地的压力。控制优化缓冲区的

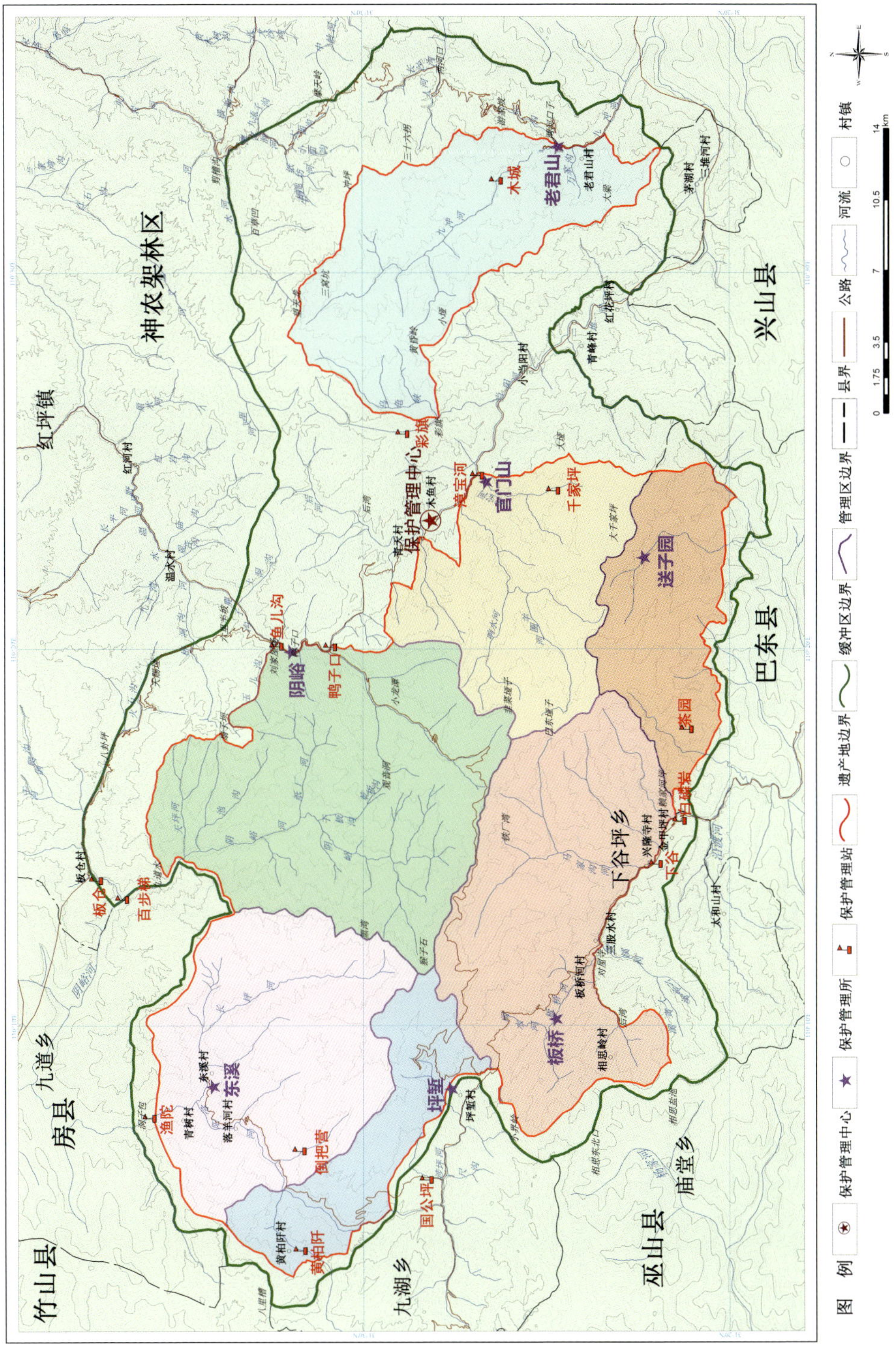

9 遗产地保护与管理规划

▲ 图9.8 湖北神农架自然遗产地保护管理分区

生态条件，为野生动物提供更大的栖息空间。缓冲区保护与管理主要采取联防形式，实行部门联防、地区联防，形成林业、公安、区内乡（镇）、村等部门协同联防的保护模式。

设立联防机构。将集动植物检疫、有害生物防治、森林防火、木材检查于一体的综合检查站的功能辐射区扩大至整个缓冲区，使其成为部门联防、地区联防的载体，实现协同保护。

定期、适时开展联防活动。每年定期组织开展部门、地区联防活动，齐聚各方力量，将遗产地资源的不安全因素消除在缓冲区，促成部门参与、地区合作的保护格局，并形成长效机制。

地方居民参与。充分利用有线电视、报纸、宣传单、宣传栏等宣传形式，对缓冲区居民和游客进行保护意识的宣传教育，提高全社会的保护自觉性和责任感。组织原住民参与生态公益林管护，建立有偿的村庄护林巡防队，加强对缓冲区森林资源的有效保护。在缓冲区加强森林抚育及水源涵养，实施退耕还林和生态修复工程，逐步恢复缓冲区的自然地貌；通过对当地居民的教育和引导，鼓励当地居民积极参与遗产价值保护和旅游业发展，减少人类活动对自然环境的破坏，提高缓冲区的整体环境质量，提高环境的承载力，以达到人与环境的和谐发展。

遗产地遗产管理部门依法代表当地人民政府统一管理缓冲区的规划与建设，组织协调缓冲区内各利益主体的关系。人民政府根据属地管理原则对缓冲区各种建设项目实施规划许可，缓冲区内各项规划必须符合遗产地保护管理规划要求。缓冲区内可适当安排必要的生产、经营和管理设施，但应严格控制各项设施的建设规模与功能。可准许原有土地利用方式与形态存在，其发展必须与遗产地的保护要求相一致，不得破坏森林植被，可以开展适当的种植等生产活动，鼓励当地居民参与自然遗产保护。努力提高缓冲区周边农民收入，在缓冲区内引导产业结构调整，发展旅游业，建设旅游服务基地，但所有土地利用方式必须与遗产地的保护要求相一致。

建立"1+X"协商模式，即以遗产地管理机构为牵头单位，按照保护规划的要求对相关利益者提出的问题进行协商讨论，难以协调一致的问题交神农架林区人民政府统一协调解决。湖北省世界自然遗产领导小组办公室对缓冲区的保护与管理情况进行不定期检查。采取部门联防、地区联防的形式，加强缓对冲区生物的保护与管理。设立联防机构，将动植物检疫、有害生物防治、森林防火、木材检查功能覆盖整个缓冲区；定期、适时开展联防活动，将森林资源的不安全因素消除在缓冲区内；充分发挥缓冲区原住民的作用，组织当地居民参与生态和森林植被的管护。加强森林植被的保护培育力度，局部开展退耕还林、生态恢复工程，按照天然林保护和退耕还林政策在缓冲区内实施补助奖励机制。

10 环境管控措施

10.1 水环境控制与保护

遗产地地处南水北调中线工程核心水源涵养区，水环境保护应放在首要位置，遗产地内溪流纵横，一年四季清澈见底，清凉甘甜，水质达到国家《地表水环境质量标准》（GB 3838—2002）Ⅱ类标准。遗产地按《地表水环境质量标准》（GB 3838—2002）Ⅰ～Ⅱ类标准控制；污水处理应达到国家污水处理标准的一级标准。

遗产地内水资源是重要的景观资源，也是产生空气负氧离子和饮用水的资源，遗产地的一切生活污水都必须经过处理且达标后才可排放。严禁在遗产地内采矿、取石，新辟的步道应及时栽种花草树木，恢复植被，防止水土冲刷引起水质污染。河流两岸不得堆放易被雨水冲刷淋溶的物体，做好各种废弃物的处理，不得将垃圾、果皮、纸屑等杂物丢入河道，以免污染水质。

10.2 大气环境控制与保护

遗产地远离工业带，区内森林覆盖率达到96%，一年四季空气清新，全年优良天数的比例达100%，其中空气污染指数为优的天数占85%以上，空气质量达到国家《环境空气质量标准》（GB 3095—1996）一级标准。遗产地每立方厘米空气中含16.6万个负氧离子，是典型的天然森林氧吧。

遗产地和缓冲区范围内的环境空气质量功能区按照《环境空气质量标准》定为一类区，外围地带为不低于二类区。规划目标是：遗产地和缓冲区大气环境质量好于一级标准的天数每年达到99%以上，外围地带的大气环境质量达到二级标准的天数每年达到95%以上。

大气环境保护措施包括：调整遗产地内居民的燃料结构，生活燃料尽量用液化气、电能、太阳能和沼气等替代，燃具达到排放标准。遗产地内使用环保车作为游客交通工具。认真做好遗产地内空气环境监测工作，做好定期动态分析，一旦发现有超标指数出现，要及时采取措施进行整治。

10.3 声环境控制与保护

遗产地内没有高音商品叫卖点，旅游交通采用生态环保方式，如电瓶车。

经环保部门监测，景区环境噪声昼间小于 55 dB，夜间小于 45 dB，声环境达到国家《声环境质量标准》(GB 3096—2008) I 类标准。目前，距离遗产地边界 11 km 的神农架机场已经进入运营。由噪声监测结果可知，神农架机场大于 60 dB 的噪声影响范围为 4.4 km^2（表 10.1）。根据《新建湖北神农架民用机场项目环境影响报告书》内容，在进、离场飞机中，恩施方向的飞机将飞越遗产地上空，飞机在飞越遗产地上空的高度在 800 m 以上，飞机噪声值在 50 dB 以下，对保护区内动物活动的影响较小。

表 10.1 神农架机场噪声覆盖面积 (km^2)

>60 dB	>65 dB	>70 dB	>75 dB	>80 dB
4.4	1.8	0.9	0.6	0.5

根据国家环境保护部制定的《山岳型风景资源开发环境影响评价指标体系》(HJ/T6-94) 的规定，遗产地噪声控制按《声环境质量标准》(GB 3096—2008) 中 I 类标准执行，昼间噪声低于 55 dB，夜间噪声低于 45 dB。

遗产地内各种服务设施噪声不得超过国家规定标准。消除、减少和减弱噪声，从根本上要对声源加以控制。要求使用隔音或低音设施及营造隔音林带防治噪声。限制除环保旅游区间车及保护管理车辆以外的机动车进入禁限区，降低区内机动车流量，减少噪声污染。

对展示区游人聚集地和游步道进行不定期的监测。航空公司应在保证飞行安全的前提下，兼顾对飞机噪声的控制，在飞越遗产地上空时确保飞行高度不能过低。

10.4 土壤控制与保护

遗产地受人类活动的影响很少，生态系统和植被保持原始的自然状态，土壤现状良好。遗产地土壤按《土壤环境质量标准》(GB15618—1995) 中 I 类标准执行。遗产地内的固体废弃物不可随意丢弃，不可直接埋入土壤，要集中运到景区外妥善处理。遗产地内严禁开山取石、采砂取土，不得大兴土木，建设大型构筑物。要控制遗产地周边农田的化肥农药用量，以免造成农业面源污染，影响土壤环境。

10.5　环境卫生控制

遗产地山地自然环境复杂多变，不宜作为工、农、交通和城市建设用地。历史上人类活动稀少，使得遗产地保留了原始的自然环境和生态系统。近年来旅游业快速发展，但仅限于小范围的旅游观光活动，目前遗产地环境卫生状况较好。

建立与遗产地环境保护相适应的环境卫生管理体系和生产服务体系；垃圾粪便实现无害化、减量化、资源化处理；建立完善的现代环境卫生管理体系。

污水排放。遗产地远离城镇，采用大地三级过滤生态处理，达标排放。

垃圾收运处理。在各级服务区、观景点、浏览步道、公路旁等地方，均应设置与景观环境相协调的分类垃圾箱；垃圾箱（桶）采用木材等环保材料制作，分类设置，标明不可回收、可回收；垃圾处理设施设备齐全完好，垃圾每日装袋，及时运送到景区外垃圾处理场进行处理，无乱堆乱放、就地焚烧和掩埋。

公共厕所。在服务区、停车场、景区入口、旅游步道沿线和观景台等人流活动高密区均必须建设公共厕所；节假日增加移动公厕；公共厕所粪便和污水均必须采取化粪池粪便无害化处理。

环卫人员及环卫设备。环卫人员按责任区域保洁，流动跟踪清扫，清洁地面；环卫车日产日清，清扫器具美观整洁，与景观环境协调。

10.6　自然灾害监控

建立地质灾害监测预警系统，加强对地质灾害重点地区的监测和防范，制定具体有效的防治措施，明确地质灾害监测、预防的组织机构和责任制度。同时加强突发地质灾害处理的综合指挥能力，提高紧急救援反应速度和协调水平，将可能突发的地质灾害对人员、财产和环境造成的损失降至最低程度。

为了应对冰冻灾害，要加强天然林保护，增加植被抗冰雪能力，同时，保证冰冻灾害应急工作高效、有序进行，全面提高应对冰冻灾害的综合管理水平和应急处置能力，最大限度地减少或避免灾害造成的损失。

建立森林火灾预警系统，组建森林消防专业队伍，落实保护站（点）的护林防火目标责任制。加强对专职和兼职护林防火人员的定期培训，提高其防火知识和灭火技术等业务素质。

  加强对林业有害生物的监测和防治研究，配备相关专业技术人员，专职开展林业有害生物发生、发展动态规律的监测预报工作。采用生物防治为主，化学防治、物理防治为辅的综合防治办法，对林业有害生物进行预防和治理。加强对进入缓冲区的外来种苗、木材的检查检疫，防止林业有害生物的入侵。

11 旅游容量与管理对策

神农架
自然遗产的价值及其保护管理

11.1 遗产地环境容量分析

11.1.1 日环境容量分析

遗产地生态旅游区面积大，各景区之间距离较远，环境容量的测算宜按照景区进行。由于各景区内景点较分散，游客观光游览主要是沿景区内的道路进行，因此各景区环境容量按照游路法计算。目前遗产地内可以分为神农顶、官门山 2 个景区。

（1）神农顶景区：神农顶景区游道全长 M=17 500 m。每位游客占用合理游道长度 $m = 5$ m，周转率 $D =$ 全天开放时间 / 游完全游道所需时间 = 8 h/4 h = 2。

$$日环境容量 = (M/m) \times D = (17\ 500/5) \times 2 = 7000 人次$$

（2）官门山景区：官门山景区游道全长 M=8000 m，每位游客占用合理游道长度 m=5 m，周转率 $D=$ 全天开放时间 / 游完全游道所需时间 = 8 h/4 h = 2。

$$日环境容量 = (M/m) \times D = (8000/5) \times 2 = 3200 人次$$

经测算，神农架自然遗产地生态旅游区 2 个景区日环境容量总计为 10 200 人次。

11.1.2 年环境容量分析

神农架自然遗产地每年的旅游旺季是 5~10 月，其中以周末和"十一"长假人数最多。取旅游旺季的天数为全年旅游天数，总计 180 天。生态旅游区的年环境容量＝日环境容量 × 全年可旅游天数 = 10 200×180=183.6 万人次。

11.2 游客数量控制

随着遗产地生态旅游区的建设、完善及新景点的开发，以及宣传工作和游客市场开发工作的开展，遗产地还会经历一段快速发展期。如果按照近 10 年来平均年增长 14% 的增长率推算，到规划期末的 2018 年游客数量将达到 100 万，小于 183.6 万人次的年环境容量。因此，神农架自然遗产地在规划期内的游客规模在生态旅游区环境容量限定的范围之内。但旅游旺季景区游客过于集中，可能出现环境容量饱和现象，需要严格控制游客人数，尽可能减少人为活动对自然环境的影响。

11.3 神农架机场对神农架地区游客增长情况的影响

11.3.1 机场开通没有显著增加游客数量

神农架机场设计年旅客吞吐量为 25.41 万人次。机场海拔为 2580 m，属大雾和雷暴高发区。恶劣的气候和飞行条件严重影响航班正常运行。统计分析神农架机场自 2014 年 5 月 8 日开通运行以来实际航班数据发现：神农架机场航班的执行率仅为 65.79%（图 11.1）。按此执行率计算，神农架机场可实现的年吞吐量为 16.72 万人次。

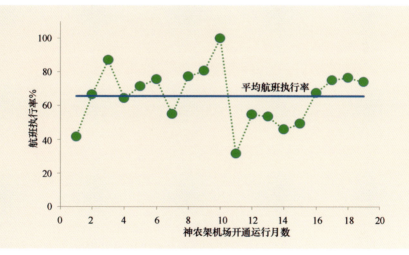

▲ 图 11.1 神农架机场 2014~2015 年航班执行率

低执行率严重影响出行计划，游客搭载航班意愿低，致使神农架机场开通以来上座率仅为 30.80%（图 11.2），实际进港人数为 1.19 万人次/年，仅占神农架自然遗产地 2014 年游客总数的 2%。因此，神农架机场的开通运行对神农架自然遗产地当前游客数量增加的作用有限。

神农架自然遗产地列入《世界遗产名录》后，游客通过神农架机场进入遗产地的意愿可能会提高。即使按满座率估算，乘飞机进入神农架的游客人数也不会超过 8.06 万人次/年。

11.3.2 列入《世界遗产名录》后的游客增长预测

列入《世界遗产名录》后，神农架自然遗产地会面临一定的游客增长压力。

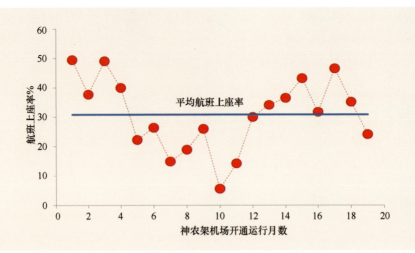

▲ 图 11.2　神农架机场 2014~2015 年航班上座率

综合分析我国世界遗产地（含自然文化双遗产）列入《世界遗产名录》后游客人数增长情况发现：列入《世界遗产名录》后，我国世界自然遗产游客年均增长率为 14%。神农架自然遗产地 2014 年旅游人数为 55.58 万人次，按照年均增长率 14% 估算，到 2020 年神农架自然遗产地的游客数量将达 122.00 万人次（表 11.1）。《湖北神农架世界自然遗产提名地管理规划》（以下简称规划）测算的年旅游环境容量为 183 万人次。可见，列入《世界遗产名录》后，神农架自然遗产地的游客数量会面临一定的增长压力，但近年内不超过其年旅游环境容量。

表 11.1　神农架遗产地未来 5 年游客数量增长预测

年份	游客人数（万人次）
2016	72.23
2017	82.34
2018	93.87
2019	107.01
2020	122.00

11.3.3　对列入《世界遗产名录》后游客增长的响应

为减缓列入《世界遗产名录》后的游客增长压力，中国政府拟加强政策和制度保障，增加人员和资源配置，应对并减缓游客的增长压力。将神农架自然遗产地纳入国家公园体系管理，分解其游客增长压力；强化鄂西生态旅游圈的辐射功能，分流神农架自然遗产地的游客数量；推行神农架自然遗产地旅游特许经营模式，提高生态旅游管理的效率，减缓游客增长压力；神农架自然遗产地已经规划年管理人员由2013年的93人增加到2018年的163人（《管理规划》）（表11.1）。为应对可能的游客增长需求，遗产管理部门计划于2019~2020年进一步增加旅游管理、环境保护、野生动物保护与自然保护区管理及森林保护等专业人员22人，使其所占比例由2018年的26.4%增加到2020年的35.1%。

11.3.4 游客管控对策

通过智能售票系统、人流量与车流量统计系统，由票房中心和验票口严格控制旅游高峰时段（旅游旺季）的日游客总量；实行网上门票预订制，及时预告日游客预订量，保证游客根据客流状况调整旅游行程；通过户外网站、LED、微信、广播、电视等方式，对外实时发布景区人流量与车流量，引导游客分流；在缓冲区外增加餐饮住宿，增配环保车辆，增加缓冲区外的旅游接待能力，减缓游客增长压力；优化观景台布局，美化生态旅游步道，提升讲解咨询和医疗救助能力，加强旅游管理和服务队伍的建设与技能培训，提高旅游服务质量；增加旅游标识和环保设施，建立专门的环境卫生管理机构和制度，推广实施ISO14000标准，及时收集转运垃圾、污水并集中无公害处理；推广景区内换乘环保车辆，杜绝社会车辆进入，确保行车安全，减少尾气排放造成的环境污染。

12 地方居民参与和社区发展

神农架
自然遗产的价值及其保护管理

当地居民是遗产地及缓冲区的重要组成部分。居民生活与遗产地环境息息相关，与遗产地遗产地保护效果更是密不可分，随着各类保护规划的实施，以及国家级自然保护区和世界地质公园等的相继建立，居民参与性管理能力得到提高，生态意识不断增强。在资源管理方面，逐渐呈现出居民由被动参与管护转为主动参与管护的良好局面，为遗产地保护与管理规划的实施提供了保障。

目前，遗产地已建立了从国家到地方的多级管理体系和政府、技术机构、研究机构、社区等多方面的协作机制。建立了统一的管理机构，加强了遗产地的法律保护地位和有效管理。当地社区都知晓世界遗产申报，所有利益相关者也都支持世界遗产的申报，这些将有助于长期的管理。

做好社区工作，改善社区生产技术条件，提高社区居民生产水平，是依靠群众、发动群众做好保护工作的有效措施。将遗产地与社区的发展有机结合起来，形成社区共管机制，有助于减轻社区对遗产地自然资源的压力。

12.1 地方居民参与现状和意愿

2014年10月对遗产地居民进行了问卷调查，回收有效问卷302份。调查对象均长期居住在遗产地，涵盖了农民、个体工商户、企业职工、保护区职工等各行业居民。调查对象年龄范围为20~80岁，平均年龄为45.9岁，男性和女性比例分别为80.8%、19.2%（表12.1）。

表12.1 社区参与情况调查样本特征

年龄结构		性别比例 %		受教育程度比例 %					月收入情况比例 %			
年龄/岁	占比/%	男	女	小学以下	小学	初中	高中	大专以上	小于1000	1000~3000	3000~5000	大于5000
20~29	7.4	52.4	47.6	4.8	9.5	47.6	28.6	9.5	19.0	81.0	0.0	0.0
30~39	22.1	76.2	23.8	6.5	19.4	46.8	22.6	4.8	27.0	66.7	4.8	1.6
40~49	35.1	82.0	18.0	13.1	32.3	38.4	14.1	2.0	29.3	64.6	6.1	0.0
50~59	24.9	87.3	12.7	16.7	38.9	31.9	12.5	0.0	30.6	63.9	2.8	2.8
60以上	10.5	93.3	6.7	29.0	35.5	19.4	12.9	3.2	64.5	35.5	0.0	0.0

12.1.1 地方居民对自然遗产保护的认知和态度

调查发现，100%的被访者认为自然遗产保护重要甚至很重要；98%以上的人认为有必要申请世界自然遗产，可见世界自然遗产的宣传和科普作用初见成效；69%的人认为居民的生活对遗产的破坏不严重；69%以上的人认为遗产保护对他们的生产生活不会产生很大的影响；98%的人对实现遗产保护有信心；78%以上的人认为遗产保护和他们社区的发展是可以协调统一、实现双赢的；99%的人表示愿意参与遗产保护的义务宣传工作，并且96%以上的人愿意参加培训并成为自然遗产保护员工。由此可见，只要切实考虑社区利益，居民有意愿、有能力参与自然遗产保护（表12.2）。

12.1.2 地方居民对自然遗产保护与开发对环境影响的认识

85%以上的人认为自然遗产保护会让周围的环境越来越好，并且81%以上的居民认为遗产开发不会对环境造成太大的负面影响；95%的人愿意为遗产保护开发提供支持；有45%的人认为他们参与遗产开发的优势是劳动力，23%的人表示可以提供资金支持，17%的人具有管理经验；86%以上的人认为政府和开发企业应该对环境的变化负起责任，提供遗产保护的资金（表12.2）。

12.1.3 地方居民参与规划决策的意愿

调查显示，高达89%的人表示只要政府和企业愿意，他们愿意参与世界自然遗产开发的规划和决策，而且他们更愿意在论证阶段、规划阶段和实施阶段参与进来，即使是随意的交流、非正式的座谈皆可，关键是得到尊重；64%以上的人表示参与规划和决策将会重视居民自身的利益（表12.2）。

12.1.4 地方居民参与商业经营的意愿

调查显示，86%以上的人表示只要政府支持、企业配合、科学规划、社区组织统一协调，他们愿意参与有特色的商业经营活动，其中41%的人倾向于餐饮住宿行业，有24%以上的人表示有意在开发企业中就职（表12.2）。

12.1.5 地方居民参与利益分配的现状和意愿

69%以上的人觉得自神农架国家级自然保护区成立以来收入有明显提高，获得收益的方式主要是经营餐饮住宿，其次是企业就业、旅游交通业、纪念品经营等；81%以上的人对目前的经营现状和收入感到满意。从他们的意愿调查可知，63%以上的居民希望政府直接参与资源开发的利益分配，而34%的人则认为应该由政府、企业和社区组织三者协调来主导。另外，由于失去了土地，当地居民就业机会有限，能力素质不高，而自然遗产需要保护，

73%以上的人认为政府应该牵头制定一系列的政府补贴、企业补偿和企业适当分红制度，从而稳定社区利益分配。在未来参与经营活动的方式上，接近60%的人希望合作经营；另外，在参与经营活动选择上，表示愿意参与经营餐饮住宿的人数高达41%，其次是企业就业、旅游交通业，而欲从事纪念品生产与销售的人数最少（表12.2）。

表12.2 社区参与现状调查内容与结果（%）

	调查内容	调查结果				
对世界自然遗产保护的认知	世界自然遗产保护的重要性	A 很重要 65.8	B 重要 34.2	C 不重要 0.0	D 不知道 0.0	
	对申请世界自然遗产的态度	A 支持 98.3	B 反对 0.0	C 不关心 1.7		
	居民有无破坏遗产地行为	A 很严重 6.0	B 严重 5.6	C 不严重 69.2	D 不知道 19.2	
	遗产保护对生产生活的影响	A 很严重 5.4	B 严重 4.4	C 不严重 69.5	D 不知道 20.8	
	遗产保护能否与生产活动协调	A 能够 78.0	B 不能够 5.3	C 不知道 16.8		
遗产保护开发与环境	遗产保护对环境的影响	A 积极的 85.2	B 负面的 4.9	C 不知道 9.8		
	遗产开发对环境的影响	A 积极的 81.6	B 负面的 7.5	C 不知道 10.8		
规划决策参与	参与遗产保护的规划与决策	A 愿意 89.4	B 不愿意 2.3	C 不知道 8.3		
	规划决策是否考虑你的利益	A 很重视 23.6	B 重视 41.2	C 不重视 22.6	D 不知道 12.6	
商业经营活动	是否参与商业经营	A 参与 86.9	B 不参与 13.1			
	参与哪些经营活动	A 企业就业 24.8	B 餐饮住宿 41.0	C 纪念品 15.0	D 旅游交通 19.2	
	对目前经营状况是否满意	A 很满意 13.2	B 满意 68.3	C 不满意 18.5		
利益分配情况	是否从遗产开发中提高收益	A 明显提高 15.3	B 有提高 54.5	C 未提高 6.6	D 下降 0.0	E 不知道 23.6
	从哪些方面提高收益	A 企业就业 25.0	B 餐饮住宿 40.2	C 纪念品 14.5	D 旅游交通 20.3	
	对目前资源开发收入是否满意	A 很满意 12.7	B 满意 70.2	C 不满意 17.1		
社区参与保障	谁能保障你参与遗产保护开发	A 政府 75.6	B 开发企业 6.2	C 政企结合 9.4	D 社区组织 4.5	E 不知道 4.2
	参与遗产保护开发的保证手段	A 政府政策 81.2	B 企业管理 3.9	C 专业技能 4.9	D 社会关系 0.6	E 不知道 9.4
	对社会参与保障是否有信心	A 很有信心 35.4	B 有信心 62.3	C 无信心 0.0	D 不知道 2.3	
	对遗产保护的信心	A 很有信心 39.9	B 有信心 58.5	C 无信心 0.0	D 不知道 1.7	

续表

调查内容		调查结果				
社区参与保障	是否为遗产保护开发提供支持	A 提供 95.0	B 不提供 1.7	C 不关心 3.3		
	你参与遗产保护与开发的优势	A 资金 23.0	B 民间工艺 14.2	C 劳动力 45.1	D 管理经验 17.7	
	是否愿意参加遗产保护的培训	A 很愿意 28.3	B 愿意 67.7	C 不愿意 1.7	D 不知道 2.3	
	是否愿意成为遗产保护的员工	A 很愿意 39.3	B 愿意 57.0	C 不愿意 1.3	D 不知道 2.3	
	为遗产保护做义务宣传	A 很愿意 39.0	B 愿意 60.0	C 不愿意 0.3	D 不知道 0.7	
	谁应为遗产保护提供资金	A 政府 65.6	B 开发企业 7.6	C 政企合作 13.4	D 其他组织 4.5	E 不知道 8.9
	参与遗产保护开发的决策管理	A 很愿意 26.6	B 愿意 54.8	C 不愿意 1.7	D 不知道 16.9	
	希望的遗产商业经营活动方式	A 个体经营 44.1	B 合作经营 55.9			
	最愿参与提高收益的经营活动	A 企业就业 23.9	B 餐饮住宿 41.7	C 纪念品 16.3	D 旅游交通 18.1	
	主要的利益分配来源	A 政府补贴 64.3	B 企业补偿 3.0	C 商业经营 26.3	D 企业分红 6.4	
	谁主导保护与开发的利益分配	A 政府 63.8	B 企业 1.0	C 社区组织 0.7	D 三者协调 34.5	

12.2 社区共管

  遗产地与周边社区形成了有效的社区共管体系，社区群众主动参与遗产地资源管理和资源合理利用，社区经济得到良性发展，职工和社区群众思想觉悟和生活水平提高，遗产地与社区群众建立了一种非过度消耗保护区资源的新型依赖关系。通过社区共管和社区发展，使保护与发展有机结合，有效地实现自然资源保护，使遗产地内资源得到持续发展和永续利用，最终实现遗产地与社区的共同管理和共同发展。遗产地保护与社区综合协调发展，是遗产地保护和管理成效提高的关键。湖北神农架世界自然遗产综合管理委员会将与社区建立一种友好的共管联营机制。

  综合管理委员会和社区通过参与式管理模式，确保了遗产的完整性。综合管理委员会通过宣传、教育和培训，严格限制遗产地内居民的生产生活活动，有树不能砍，有猎不能狩，有药不能挖；对神农架自然遗产地内居民实施异地搬迁，有效保护自然资源及野生动植物栖息。通过宣传、教育和培训，使缓冲区社区群众了解和认识自然遗产的全球突出普遍价值及其保护的目的和意义，掌握保护的规范、方式和技术，主动参与到自然遗产的管理和保护行动中，并建立责任机制和快速反应机制，实现遗产地管理方和社区对遗产地的共同管理，保证遗产地、缓冲区、廊道及踏脚石的日常巡护、监测和保护工作的正常运行。

综合管理委员会和社区通过联营的方式，协助社区发展。综合管理委员会通过建设减贫示范村，节能减排项目，引进和传授新技术、新品种，建立小型扶贫基金，建设种植示范基地等方式，帮助社区群众改善生产生活方式，提高生活水平。综合管理委员会以资源、技术和资金等入股，与社区群众试办联营企业，发展旅游业和资源加工业。双方按照自愿联营、民主管理、平等互利的原则，协作配合，既提高了社区的经济效益，使居民脱贫致富，又减少了社区发展对资源的不合理利用，减缓了社区发展对遗产地及缓冲区生态环境的破坏。

综合管理委员会和社区的共管和联营机制，确保了遗产地全球突出普遍价值的完整性和可持续性。

参考文献

白明, 崔俊芝, 胡佳耀, 等. 2014. 中国昆虫模式标本名录(第3卷). 北京: 中国林业出版社.

班继德, 漆根深, 等. 1995. 鄂西植被研究. 武汉: 华中理工大学出版社.

陈灵芝. 1993. 中国的生物多样性——现状及其保护对策. 北京: 科学出版社.

崔俊芝, 白明, 范仁俊, 等. 2007. 中国昆虫模式标本名录(第1卷). 北京: 中国林业出版社.

崔俊芝, 白明, 范仁俊, 等. 2009. 中国昆虫模式标本名录(第2卷). 北京: 中国林业出版社.

樊大勇, 高贤明, 杜彦君, 等. 2017. 神农架世界自然遗产地落叶木本植物多样性及其代表性. 生物多样性, 25(5): 498-503.

费梁, 胡淑琴, 叶昌媛, 等. 2006. 中国动物志·两栖纲, 第一卷: 总论, 蚓螈目, 有尾目. 北京: 科学出版社.

湖北神农架国家级自然保护区管理局. 2012. 神农架自然保护区志. 武汉: 湖北科学技术出版社.

蒋志刚, 江建平, 王跃招, 等. 2016a. 中国脊椎动物红色名录. 生物多样性, 24: 500-551.

蒋志刚, 李立立, 罗振华, 等. 2016b. 通过红色名录评估研究中国哺乳动物受威胁现状及其原因. 生物多样性, 24: 552-567.

蒋志刚, 马勇, 吴毅, 等. 2015. 中国哺乳动物多样性及地理分布. 北京: 科学出版社.

李义明, 许龙, 马勇, 等. 2003. 神农架自然保护区非飞行哺乳动物的物种丰富度: 沿海拔梯度的分布格局. 生物多样性, 11: 1-9.

廖明尧. 2015. 神农架地区自然资源综合调查报告. 北京: 中国林业出版社.

马克平. 2016. 世界自然遗产既要加强保护也要适度利用. 生物多样性, 24(8): 861-862.

祁承经, 喻勋林, 郑重, 等. 1998. 华中植物区的特有种子植物. 中南林学院学报, 18: 1-4.

宋峰, 祝佳杰, 李雁飞. 2009. 世界遗产"完整性"原则的再思考——基于《实施世界遗产公约的操作指南》中4个概念的辨析. 中国园林, (5): 14-18.

吴建平, 张勇, 付东风, 等. 2008. 原麝与斑羚冬季家域的对比. 东北林业大学学报, 36(1): 58-60.

吴鲁夫. 1964. 历史植物地理学. 仲崇信, 陆定安, 沈祖安, 译. 北京: 科学出版社.

吴征镒, 孙航, 周浙昆, 等. 2011. 中国种子植物区系地理. 北京: 科学出版社.

谢宗强, 申国珍, 周友兵, 等. 2017. 神农架世界自然遗产地的全球突出普遍价值及其保护.

生物多样性, 25(5): 490-497.

杨星科. 1997. 长江三峡库区昆虫. 重庆: 重庆出版社.

应俊生, 陈梦玲. 2011. 中国植物地理. 上海: 上海科学技术出版社.

应俊生, 马成功, 张志松. 1979. 鄂西神农架地区的植被和植物区系. 植物分类学报, 17(3): 41-60.

余小林, 周友兵, 徐文婷, 等. 2015. 保护地旅游公路的野生动物通道设计原则与技术参数. 生物多样性, 23(6): 824-829.

张孚允, 杨若莉. 1997. 中国鸟类迁徙研究. 北京: 中国林业出版社.

郑光美. 2011. 中国鸟类分类与分布名录. 2版. 北京: 科学出版社.

中国科学院动物研究所. 1991 昆虫模式标本名录. 北京: 农业出版社.

中国科学院中国植被图编辑委员会. 2007. 中国植被及其地理格局. 北京: 地质出版社.

朱强, 俞孔坚, 李迪华. 2005. 景观规划中的生态廊道宽度. 生态学报, 25(9): 2406-2412.

朱兆泉, 宋朝枢. 1999. 神农架自然保护区科学考察集. 北京: 中国林业出版社.

Baguette M, Van Dyck H. 2007. Landscape connectivity and animal behavior: functional grain as a key determinant for dispersal. Landscape Ecology, 22: 1117-1129.

Baum K A, Haynes K J, Dillemuth F P, et al. 2004. The matrix enhances the effectiveness of corridors and stepping stones. Ecology, 85: 2671-2676.

Beckmann J P, Clevenger A P, Huijser M P, et al. 2010. Safe Passages: Highways, Wildlife, and Habitat Connectivity. Washington: Island Press.

Beier P. 1993. Determining minimum habitat areas and habitat corridors for cougars. Conservation Biology, 7: 94-108.

Brudvig L A, Damschen E I, Tewksbury J J, et al. 2009. Landscape connectivity promotes plant biodiversity spillover into non-target habitats. Proceedings of the National Academy of Sciences, 106: 9328-9332.

Chetkiewicz C L B, St. Clair C C, Boyce M S. 2006. Corridors for conservation: integrating pattern and process. Annual Review of Ecology Evolution and Systematics, 37: 317-342.

Forman R T T, Alexander L E. 1998. Roads and their major ecological effects. Annual Review of Ecology and Systematics, 29: 207-231.

Glista D J, DeVault T L, DeWoody J A. 2009. A review of mitigation measures for reducing wildlife mortality on roadways. Landscape and Urban Planning, 91: 1-7.

Grassman J, Silvy N. 2005. Ranging, habitat use and activity patterns of binturong Arctictis binturong and yellow-throated marten *Martes flavigula* in north-central Thailand. Wildlife Biology, 11: 49-57.

Hill M, Carey P, Eversham B. 1993. The role of corridors, stepping stones and islands for species conservation in a changing climate. Peterborough: English Nature.

Hudson W E. 1991. Landscape Linkages and Biodiversity. Washington: Island Press.

Koike S, Masaki T, Nemoto Y, et al. 2011. Estimate of the seed shadow created by the Asiatic black bear *Ursus thibetanus* and its characteristics as a seed disperser in Japanese cool temperate forest. Oikos, 120: 280-290.

Kramer-Schadt S, Kaiser T S, Frank K, et al. 2011. Analyzing the effect of stepping stones on target patch colonization in structured landscapes for *Eurasian lynx*. Landscape Ecology, 26: 501-513.

Levey D J, Bolker B M, Tewksbury J J, et al. 2005. Effects of landscape corridors on seed dispersal by birds. Science, 309: 146-148.

Li Y. 2002. The seasonal daily travel in a group of Sichuan snub-nosed monkey (*Pygathrix roxellana*) in Shennongjia Nature Reserve, China. Primates, 43: 271-276.

Loehle C. 2007. Effect of ephemeral stepping stones on metapopulations on fragmented landscapes. Ecological Complexity, 4: 42-47.

Perault D R, Lomolino M V. 2000. Corridors and mammal community structure across a fragmented, old-growth forest landscape. Ecological Monographs, 70: 401-422.

Primack R B, 马克平. 2010. 保护生物学简明教程. 北京: 高等教育出版社.

Qian H. 2001. A comparison of generic endemism of vascular plants between east Asia and north America. International Journal of Plant Sciences, 162: 191-199.

Rosenberg D K, Noon B R, Meslow E C. 1997. Biological corridors: form, function, and efficacy. BioScience, 47: 677-687.

Saura S, Bodin Ö, Fortin M J. 2014. Stepping stones are crucial for species' long-distance dispersal and range expansion through habitat networks. Journal of Applied Ecology, 51: 171-182.

Silveira L, Sollmann R, Jácomo A T, et al. 2014. The potential for large-scale wildlife corridors between protected areas in Brazil using the jaguar as a model species. Landscape Ecology, 29: 1213-1223.

Taylor P D, Fahrig L, Henein K, et al. 1993. Connectivity is a vital element of landscape structure.

Oikos, 68: 571-573.

Tewksbury J J, Levey D J, Haddad N M, et al. 2002. Corridors affect plants, animals, and their interactions in fragmented landscapes. Proceedings of the National Academy of Sciences, 99: 12923-12926.

Trent J A. 2010. Ecology, habitat use, and conservation of Asiatic black bears in the Min mountains of Sichuan province, China. Master dissertation. Blacksburg, USA: Virginia Polytechnic Institute and State University.

Udvardy M D. 1975. A classification of the biogeographic provinces of the world. IUCN Occasional Paper no. 18. Morges, Switzerland: IUCN.

Uezu A, Beyer D D, Metzger J P. 2008. Can agroforest woodlots work as stepping stones for birds in the Atlantic forest region. Biodiversity Conservation, 17: 1907-1922.

UNESCO World Heritage Centre. 2015. Operational guidelines for the implementation of the World Heritage Convention. http: //whc.unesco.org/document/137843[2016-2-20].

Xu X, Yang Z, Saiken A, et al. 2012. Natural Heritage value of Xinjiang Tianshan and global comparative analysis. Journal of Mountain Science, 9: 262-273.

Yang D, Song Y, Ma J, et al. 2016. Stepping-stones and dispersal flow: establishment of a meta-population of Milu (*Elaphurus davidianus*) through natural re-wilding. Scientific Reports, 6: 27297.

Zhang Y, Ma K. 2008. Geographical distribution patterns and status assessment of threatened plants in China. Biodiversity and Conservation, 17: 1783-1798.

Zhou X, Meng X, Liu Z, et al. 2016. Population genomics reveals low genetic diversity and adaptation to hypoxia in snub-nosed monkeys. Molecular Biology and Evolution, 33: 2670-2681.